中村桂子
nakamura keiko

# 生命の灯となる49冊の本

青土社

# 目次

# 生命の灯《ともしび》となる49冊の本

# まえがき

好きな本を、好きな時に、好きなように読む。これが私にとっての読書であり、それまであまり、この本はすばらしいから読むとよいと人にすすめることはせずにきました。それまでというのは、一九九二年です。というのもその年、突然丸谷才一さんからのお電話で、『毎日新聞』で新しい形の書評欄を作るのでそこに評者の一人として参加しませんかとのお誘いをいただいたのです。もちろん小説家、評論家としての丸谷才一さんは存じあげていましたが、分野の違う遠い方と思っていましたので、とても緊張しましたし、期待に応える仕事ができるかどうか不安を感じながらお話したのを憶えています。

その時丸谷さんがおっしゃったのは「読んだ人にこの本読みたいなあと思わせるように書けばいいんです」の一言でした。あたりまえのことですが、頭の底にこびりついて離れない言葉です。実はそこに「できれば最初の三行で」という追加もありました。とても優しい方なので、その後少し具体的な方法も教えて下さいました。まずその本の内容がわかるような紹介は不可欠です。内容に対する評価はもちろん必要ですが、この時できるだけよいところを見つけなさいともおっしゃいました。その本に刺激されて生まれた自分の気持が少し出せるといいな。書評を始めてから思うようになったことです。

以来二五年の長い間お仲間に入れていただいてきましたが、これができているかどうか、まったく自信はありません。でもこのような形で、本が人と人との間につながりや広がりをつくっていくのはすてきなことだと実感するようになりました。新聞や雑誌の書評をていねいに読み、そこから学ぶことが楽しくなりました。読みたいなあという気持がわき評者に感謝することも度々です。自分の中に止まっていた本が広がりを持ち始めたのです。

電車の中では、スマホを眺めている人の方が多くなったとはいえ、かなりの方が本を広げています。本という形でまとまったものを読むことは、考えることにつながります。どんな本を読んでいらっしゃるのかな。失礼ですのでのぞきはしませんが、なんとなく気になります。今この時どれだけの人がどんな本を読んでいるのでしょう。ここにとりあげた本がどなたかの読む本の中に入っていくことを願いながら本たちのことを考える楽しみをこれからも大事にしていきたいと思っています。

相変わらず考えているのは「人間は生きもの」ということですので、読む本もそれと関わるものになります。こんなあたりまえのことを考え続けるのは、一つには、「生きているってどういうことだろう」という問いの中には、人間や生活をとり巻くたくさんの事物が入りこんでいて、考えても考えても終わることのない面白さがあるからです。この世の中で起きていることのどれをとってもこの問いと関係のないものはありません。ですから、すべてを自分との関わりの中で考えることができます。無関係や無関心という言葉がなくなるのです。政治や外交の話題は、正直苦手ですが、人間を生きものとして考えて答を探すことがよくあります。そんな気持で異分野の本も楽しんでいます。もう一つは、どう見ても今の社会は人間が生きものであることを前提にできているようには思えないのです。なんとかならないかなあ。同じような考えや気持を本の中に見つけると仲間意識からいっしょうけんめい読みます。

このようなある意味勝手な見方で選び、読んでいるのですが、今回それを編集者が「いのち」「せかい」「こころ」の三つの切り口でまとめてくれました。今の社会を生きる中でとても大事なのがどのような「せかい」観をもつかということであり、その基本になるのが「生きている」ということです。それは「いのち」と「こころ」という言葉で表わせます。ですからこのまとめは、私の気持そのものです。

実は編集者（あとがき参照）から「紹介する本は四九冊にしましょう」という提案がありました。「五〇冊目は御自分で選んで下さい」というメッセージをこめてとのことです。とても面白いと思い賛成したのですが、その時出された案は四七冊であり、あと二冊加えて下さいとのことでした。そこですぐに思いついたのが、『永遠平和のために』（I・カント）と『ひとはなぜ戦争をするのか』（A・アインシュタイン、S・フロイト）でした。この二冊をまとめて書評したいと考えたのですが、すべて一冊を対象としている評が選ばれていますので、例外は止め、カントを取りあげてその中でアインシュタイン、フロイトに触れたいと思います。そして四九冊目は帚木蓬生著『ネガティブ・ケイパビリティ』にしました。耐えて寛容であるという能力を示す言葉ですが、この本で初めて知りました。これは今最も大切な能力ではないかと思っています。

最近とくに、生きものとしての人間のこれからの危うさを強く感じるようになりました。うっかり作ってしまった核兵器を手離すこともできない権力争いを続けていたら未来はないとしか思えないからです。私たちは賢いと自負して、自らをホモ・サピエンスと名付けたはずですのに、賢さはどこへ行ってしまったのかと思わせる言動が目立ちます。話は大げさになりましたが、生きものを見ていていつも思うことは、細部の大切さ、小さなもののもつ大きな力です。小さなことをコツコツ続けていくことが生きるということだと思いながら、明るい未来をつくる知恵をここで紹介した本の中から探していただきたいと願っています。そしてあなたの五〇冊目はよりすばらしい未来につながるものであるに違いないと思うのです。

それはどんな本かしら。とても興味がありますので教えていただけると嬉しいです。

# 第1章
# いのち

Reading the nature of life

加藤 真

# 生命は細部に宿りたまう

## ミクロハビタットの小宇宙

岩波書店　2010年

生物多様性条約第一〇回締約国会議（ＣＯＰ10）が名古屋で開催されたこともあり、二〇一〇年秋は「生物多様性」という言葉をよく聞いたが、議論は熱帯雨林にある多様な動植物や微生物などの資源としての価値に集中した。この問題ももちろん重要だが、国際政治や経済だけでなく、多様性そのものへの関心が高まることを願っている。

日本列島は、南北に長く、海に囲まれ、高低の差もあるので面積のわりに生物多様性に恵まれている。しかも、里山、里海などの言葉に象徴されるように、人間と自然との関わりが深く多様性を身近に感じてきた。それを発信することが重要と考えていた時、出会ったのが本書である。

ここには、世界から日本へ、そして身近な里山里海へという流れが、更に小さな場につながるという指摘がある。「ミクロハビタット（微小生息場所）」という小さな生きものたちが利用する微環境である。著者は、「入江の波打ち際や磯浜、森や原野、氾濫原《はんらんげん》、水田など、さまざまな自然の懐かしく美しい風光はミクロハビタットとそこに宿る小さな生き物の多様性があってこそ成り立っている」と言う。

海といえば砂浜。まずここを見よう。砂には石英質の粒子とサンゴ礁海域の生物の骨格由来のものとがある。いずれも沖側に広大な細砂底があり、そこから多くの貝が打ち上げられる。多くの写真（風景とそこに棲《す》む小さな生きものたち）が美しい。砂浜に加えて重要なのが砂堆《さたい》、瀬戸内海など多島海の潮流の速い瀬戸に堆積する。ここを代表する生物が、なじみ（少なくとも関西人には）のイカナゴ。プランクトン食のイカナゴは砂堆の中で休む。これがタイやアビ（水鳥）、スナメリ（イルカの一種）の餌になり、豊かな海を支えるのである。ところで近年、建築用に砂が利用され、一九八〇年代以来この系は壊れてしまっている。最近になって護岸や養浜には眼が向き始めたが、ミクロの世界の微妙な生態系を知らずに行なう工事は、多様性再生にはつながらない。

多様性を示す数字を見ると、たとえば、日本の維管束植物の種数約五七〇〇に対し、中国は三万一〇〇〇種と圧倒的に多い。ところが、海については日本の方がはるかに高いのである（サンゴ礁と日本海溝のため）。海の重要性を再認識したい。

次に草原を見よう。日本は森林の国で、本来草原の気候ではないのだが、氷河期に朝鮮半島を通して草原性植物が入り、火山活動で植物遷移を阻まれたための草原と放牧の半自然草原とがある。そこに日本列島に昔から生息していたカモシカ、シカ、ノウサギが暮らし、牛馬と共に草原を維持してきた。半自然草原は、昔存在した自然草原の生物相を維持してきたが、近年シカが増え、京大の演習村でも林床の草が消え、食べられないバイケイソウやキタヤマブシが目立っているそうだ。東北地方は草原に富み、宮沢賢治は『銀河鉄道の夜』を「秋草の咲き乱れる自然草原に寝転んで天の川を見ながら構想したに違いない」と著者は書く。カンパネルラはツリガネソウの古い属名なのである。

微小生息場所に暮らす生物の写真が楽しい。砂堆はイカナゴ、ナメクジウオ、アサヒガニ、草原はヒゴタイ、ササナバ、オキナグサ、水田はデンジソウ、ミズアオイ、メダカという具合だ。これらがいてこその日本列島なのである。その名前を知ってなじみになることが重要である。ただ、ここに示されたのは「奇跡的に残っている景観」なのだそうだ。これを普通の景色にすることが多様性を考える意味だろう。

松沢哲郎

# 想像するちから

## チンパンジーが教えてくれた人間の心

岩波書店　2011年

著者の名前は、多くの人が、数や言葉を理解する賢いチンパンジー、アイの研究者（時には相棒という感じさえある）として御存知だろう。そしてそれを、一九六〇年代以降世界各地で行なわれてきた言語習得研究と受け止めているのではないだろうか（私もそう思っていた）。遺書のつもりで思い入れを込めて書いたという本書で、著者は「外見としてはチンパンジーの言語習得研究のように見える。しかし、研究目的は『チンパンジーから見た世界』を科学的に客観的に示すこと」だと述べている。それを人間と比較し、そこから人間とは何かを考えようとしているのである。

まず、著者は、アフリカでの野外観察の中に実験を取り入れるという新機軸を出し、道具使用について階層構造の解析をした。棒でアリを釣るのはレベル1、台石の上に種を置きそれをハンマー石で割るのはレベル2、更に台の下に楔《くさび》石が入るようにするのがレベル3。チンパンジーにこれ以上はない。

一方、アイの言葉の研究のような実験室研究では彼らをなるべく自然状態にするというこれも新しい試みに挑戦している。一頭（著者は一人と呼ぶ）だけを人間の中に入れるのでなく、仲間との生活を保ったうえで参与観察をしながら実験するのである。ここから言葉（シンボル）についてもレベル3までの階層構造が見えた。ここからも「関係が三つを超えるようなものは、チンパンジーの認知世界にはない」という結論が出る。人間は、よりレベルの高い関係を捉え、表現できる。

そして、人間にとってはあたりまえの「言葉に関する言葉」「道具を作る道具」をもつ能力がチンパンジーには本来存在しないことが見えてきた。つまり再帰的構造は人間特有のものであり、これが他者の心の理解につながるわけだ。

このように、自然状況を作った研究所とアフリカの野外実験場とを合わせることで、新しい知見が次々と得られている。たとえば、チンパンジーの教育と学習では、大人が手本を示す、子どもが自発的に真似《まね》るという関係の中で、大人は子どもに寛容であるという特徴が見えた。種割りなど教えられないのに子どもはできるようになるまで続ける。大人と同じになりたいのだろう。「教えない教育、見習う学習」と著者は呼ぶ。これこそ教育の基盤であることを思い知らされて反省する一方、「認める」という行為は人間だけにあるという指摘から、その特徴を生かす重要性も考えさせられる。

テレビ画面に出た1～9の数字が、1に触れるとすべて消え、数字のあった位置を小さい方から順に指すというテストに挑戦し、アイに負けた体験がある。「チンパンジーのほうが人間よりも記憶課題で優れている」のだそうだ。これについて著者は、両者の共通祖先には直観像記憶があり、人間はそれを失なった代りに言語を獲得したのだろうという「トレードオフ仮説」を出している。直観像記憶は、自然界での生活には重要だが、その体験は他者と共有できない。一方対象をシンボルとして把握する言語なら、他の場所にいる仲間とも情報、経験を共有できる。やはり言語の方を選びたいと思うのだがどうだろう。

人間とは何か。みごとな計画の下に行なわれたチンパンジーの総合的な研究から得た著者のとりあえずの結論は、言語とともに得た「想像するちから」である。時間、空間共に広がる想像は、時に絶望につながることもあるが、「想像するちからを駆使して、希望をもてるのが人間だ」と著者は結ぶ。今まさにこの力を生かしたいと強く思う。

本書の特徴は著者のチンパンジーへの愛に満ちていることだ。対象への愛なしに研究は存在しないという姿勢に共感する。

羽仁 進

# サバンナの動物親子に学ぶ

ミロコマチコ[絵] 講談社 2011年

病弱で生き物大好きの子ども時代を過ごした著者は、三〇代になり、アフリカで野生動物の撮影を始めた。「そこで毎日『生』と交錯する『死』を見るような年月を過ごしました」という著者の眼は、まず「食われる側」(草食動物)に向けられる。そして、一見弱そうな彼らの生きる力に気づく。母を失なったヌーの子どもの長い一日を追おう。まず、丘を越えた先の草原に見えた生き物にかけ寄る。母親かもしれないと。実はこれはサイで、戦闘態勢をとってくる。違う。また歩き出したヌーの子はなんとハイエナに近づいたのだ。ハイエナの方が何だこれはと思っているうちに、お母さんではないと判断し離れていく。こうして一日が終わる頃ついにヌーの群に会えた。腹ペコの子どもは、恐らく子どもを失なったのであろうメスを見つけ乳房にかぶりつく。一度は振り払ったメスも少しずつ態度がやわらぎ、ここで母と子が誕生する。小さなヌーの力が新しいつながりを生み、自分の生きていく道をつくり出したのだ。

一方、強いライオンにも生きることに伴なう辛《つら》さがある。ある時オスライオンがちょっと邪魔とけとばした子どもが死んでしまった。本来オスは群にいないものなのだが、近年自然が激減して狩りが難しくなり、オスが群に加わるようになったのである。子どもを殺されたメスは異常とも言える怒りで、オスを追い出した。その後が驚く。「母は死体を愛《いと》おしげに舐《な》めだし、そして、とうとうその小さい身体を、かじりだしたのです。ゆっくりと……、悲しげに……、愛おしげに……。」著者は言う。法律も制度もない生き物の世界では、生き物はその場に応じて、自分で行動するのだと。そしてそこには迷いも間違いもあるだろうが、動かしようのない真面目さがあると。

サバンナの生と死の中で、象は独特の存在感を示す。象の行進には多くの動物が道を譲るが、自分の場所を離れたがらないガゼルがいると象が横にそれるというのだ。チーターに追われたガゼルが象の後ろに逃げこむこともある。泥沼にはまって動けなくなったサイの子どもを象が救ったのを眼にしたともいう。「自分自身の巨大な『力』に対して、いつも象自身が怖《おそ》れている。その『力』が他者に、被害を与えてはいけない。その気持ちが、外に表れています」

著者は、チーターに狙われながらも、ギリギリまで逃げないガゼルを見て知る。「その

『生』の時間こそ、彼らにとって大切なのです。精一杯、楽しみたい、食べたい、遊びたい……。私にもだんだんとその『生』の時間の意味がわかってきました。」そして、日本に戻った時、子どもたちの中に同じ飛び跳ねるような喜びと「生」の力があることに気づいたそうだ。

科学的な分析はなく、数値もない。観察者の主観に満ちている。ライオンが小さな身体をかじった時、愛おしげで悲しげと見るのは思い入れだと切り捨てることもできる。しかし、五〇年間、生き物好きの眼で見てきた野生動物の世界からのメッセージは心を打つ。ミロコマチコの絵がそれを鮮やかに描き出す。

現代文明が、解析可能なものしか存在しないとしてきたために失なったものの大きさを実感している今、次の言葉に耳を傾けたい。「野生動物の世界では、どんな『生』と『死』の見つめ方があるのかを知ることは、たいへん参考になると思います。」「ともすれば忘れがちな『大自然』というものの役目を、もう一度見直したい、と私は願います。私たち人間は、絶対にそこから逃れることはできないのです。人間もまた、やはり生き物の一つなのだから。」

フィリップ・ボール

# かたち

## 自然が創り出す美しいパターン

林大訳　早川書房　2011年

生きものを見る時、私たちはまず形や模様を見る。なんでこんな形なんだろう、この模様はどのようにしてできるのだろうという問いは、身近だが難しいテーマだ。

一九世紀半ばダーウィンの進化論以来、生きものの形や模様を環境への適応として説明するようになった。そこへ一九一七年、ダーシー・トムソンが『成長と形』を著し、カタツムリの殻、ヒマワリの花、雲のレース細工、流水のつくる渦などを「このような形が物理的な作用でどのようにできるか」と問うた。生体分子も物理法則にしたがうので、進化はその制約の中で起きるとしたのである。本書では、化学と物理を学んだ著者が、「驚くほどわずかな数の、単純な材料から複雑なパターンが生成する」という事実に注目し、多くの研究例を示しながらトムソンを追う。

まず、界面活性剤の入った水泡、つまりシャボン玉のかたまりが力学的に安定で表面を最小化させる条件を探すと、ハチの巣と同じ密な六角形が並ぶ。エルンスト・ヘッケルが描いた美しい放散虫の図は、外骨格の中に泡の存在を予想させる。トムソンはこれを化石の泡と呼んだ。著者は、「どちらも泡と膜の自然発生的に秩序を形成する傾向の、ほとんど幾何学的なまでの規則性から恩恵を受けている」と言う。脂質二重膜をもつ細胞も同じだろう。

次いで波が作る模様を見よう。二〇世紀初めには化学系がパターンを作るなどとは考えられもしなかったが、一九六〇年代、ジャボチンスキーがマロン酸と臭素酸塩の混合液で化学的な波ができることを示した。生体内では、このような化学反応による波が常に起きパターンを作っている。たとえば、受精後カルシウムイオンの波が卵の表面を伝わる。この波の意味はまだ定かでないが、かなり普遍的パターンであることは確かだ。ここに見られる持続的振動反応が、ウサギとそれを食べるキツネの関係、つまりウサギがふえるとキツネがふえるが、その結果ウサギは減り、したがってキツネも減るという関係と同じであるというのも面白い。

次に模様を見よう。シマウマは一見目立つようだが、群になるとアフリカの草原の丈の高い草や灌木《かんぼく》に溶け合い、「隠れる」のに適しているとされる。しかし、これを進化の過程で残ったのだ、ですませてしまうのは面白くない。「それはどのようにしてできたのか」。

トムソンの『成長と形』改訂版出版の一〇年後天才数学者アラン・チューリングが『形態発生の化学的基礎』の中でこれに取り組んだ。彼は、モルフォゲンと呼ばれる化学物質が自己触媒的であれば、その拡散によって動物の皮膚に見られる「斑な」パターンが生じることを示した。今ではヒョウの模様もテントウムシの斑点もこれで説明できることがわかっている。本書でも紹介されている近藤滋らが、チューリングの示す活性因子＝抑制因子系の理論モデルでタテジマキンチャクダイの縞《しま》模様を再現し、しかもその存在を観察した時、仲間が皆で興奮したのを思い出す。

今では、胚から形ができるボディー・プランは、生物学の重要テーマであり日々新しい成果が出ている。ここでも、「自然はパターン形成を多くのやり方で活用する」ことが分かる。しかし、と著者は言う。「自然は、高いところにある力によって支配される子分としてではなく、本質的にご都合主義者としてそうするようだ」。その通りだ。それにしても形は面白い。途中面倒な記述もあるが、その辺りは適当にとばしても楽しめる。

オレン・ハーマン

# 親切な進化生物学者

## ジョージ・プライスと利他行動の対価

垂水雄二訳　みすず書房　2011年

五〇〇ページを超える本書を読みながら、書評したいな、いやこんな面倒な本は止《や》めようと揺れ続けていた。結局、あまり自信のないままこの文を書き始めている。

本書の第一主題は、ジョージ・プライスという天才としか呼びようのない人物の数奇としか言いようのない人生である。そして第二主題が、ダーウィン以来進化論の難題とされてきた利他的行動の研究史である。原題は「The Price of Altruism」。ここに「利他的行動の代償」と「利他主義のプライス」という二つの意味がこめられていることを承知しながらの邦題である。利他行動研究で驚くべき成果をあげたプライスは、利他行動にはまってホームレスとなり、しかも自らの手で生を終える。

この複雑な心の世界と面倒な学問との絡み合いをなんとか紹介したいと思うのは、ここに科学の本質を見るからである。生身の人間の行為である科学では、その問いと研究者との間に相克があって然《しか》るべきだ。とくに生命・人間が関わる場合には。ところが近年、経済上役に立つことばかりが話題になり科学の本質が忘れられている。

前説が長くなった。適者生存を基本とする進化の中で、「親切な行為」はどう位置づけられるのだろうか、その起源は自然の中にあるのだろうかという問いは、ダーウィン自身のものである。以来、生物学者はもちろん、P・クロポトキン、J・フォン・ノイマンなど多くの人物がこれに取り組んだが、未《いま》だに解決していない。とくに、利他行動は個体の利益のためか、群のためかという問いがくり返されている。その中で、フィッシャーがダーウィンとメンデルを結びつけ、その後メイナード・スミスやビル・ハミルトンが遺伝子を共有する血縁に注目し、遺伝子からの利他行動の説明を始めたのが一九六〇年代である。そして一九七六年、R・ドーキンスが『利己的遺伝子』で個体は遺伝子の乗り物であり、取りしきるのは遺伝子だと言い放った。この歴史にプライスの名はない。実は、一九六七年から七四年の七年間に、彼が遺伝子、個体、群、種という多層レベルでの淘汰《とうた》を一元的に捉える方程式を出していたのにである。利他行動をレベルで分けたり、血縁淘汰など特定の概念を用いたりせずに一般論で説明しているというのだから驚く（残念ながらこの式の正確な理解は私には難しい）。

彼の履歴は、ハーヴァード大学での入学面接で「ガラスを見えなくする実験」について説明して、「無茶をするかもしれないが、凡庸になることはけっしてないだろう」と評価され奨学金を得るところから始まる。その後、マンハッタン計画、トランジスタやコンピュータソフトの開発に関わるのだが、ある時突然、利他性、つまり愛や慈善の進化に関心を持つ。そこで考えた数式をロンドン大学の人類遺伝学教室へ見せに行き、九〇分後には名誉職員の身分と部屋を与えられている。ふしぎな人だ。しかし、結局メイナード・スミスとビル・ハミルトン以外には彼の業績の本質は理解できなかったとある。

しかもプライスは、ある時突如回心し、廃屋を借りてコミューンを開き、ホームレスを助け始めるのだ。アルコール依存症などの人々に金銭や持ち物のすべてを与え、自身もホームレスになり、健康を損ねる。最後には、経済学で真の利他性を研究することを考え始め、周囲もそれを助けようとはしたのだが、再浮上はならず一九七五年一月、五二歳で自らの生涯を閉じた。利他とは何なのだろう。大部の本を読み終わって辿《たど》り着いたのは結局最初の問いであった。

山極寿一

# 家族進化論

東京大学出版会　2012年

人類の社会生活の基礎である性・経済・生殖・教育の四機能を果たすのが家族であり、世界中の共同体が家族を単位としている。しかもこれは人間以外の動物には見られない。

家族って何だろう。どのようにして生まれたのだろう。その崩壊が語られる今、それを問うことには大きな意味がある。家族の起源を霊長類から人類への進化の中に探ろうとする学問は、サルの個体識別という独自の方法により日本で始まった。その後海外での研究も始まり、主としてアフリカの類人猿（チンパンジー、ボノボ、ゴリラ）社会の研究からさまざまな考え方が出された。その中で著者は、父系であるゴリラ社会で、母親という生物学的存在に対し、父親という文化的存在が生まれたことが家族への道だと提唱した。

しかし、類人猿の一生と世代の追跡、遺伝子（DNA）解析による個体移動や繁殖行動の追跡ができるようになったことに加え、多くの人類化石が発見されたことにより、家族起源の再考の必要が出てきた。新知見を取り込んだ新しい家族誕生物語への挑戦が本書である。

ここ二〇年、この分野の研究は急速に進んだ。とはいえ、そこから進化の道筋が明確に見えているわけではない。たとえば採食戦略の生態学モデルでは、果実を好むオランウータンやチンパンジーはメスが結束するはずなのに、両者共に単独行動をとる。一方葉や地上の草本を食べるゴリラはメスの集合の必要性はないはずだが、常に群を作っている。条件は複雑なのである。

人類もチンパンジーと同じように分散した食物を採集していただろう。更に平原にまで出たのだから肉食動物から身を守る必要もある。この必要性が、エネルギー効果をよくする、外敵を威嚇する、食物を運ぶという能力を支える二足歩行、更には脳の増大へとつながったと考えられる。現代の狩猟採集民は、採った食物を持ち帰って皆で食べる。チンパンジーは要求されない限り自ら分配することはない。ここから、採集した食物を手で抱え、仲間のところへ持ち帰っての共食が、人類を特徴づけたと著者は言う。

一方、ミラーニューロンの発見でサルにも共感能力があることがわかったが、互酬的な行動は母子、広がっても血縁関係内に限られる。人間社会では家族はもちろん、共同体の大人が子どもを教育する。このような社会は食の社会化と共同の子育てとから生まれたもので、そこに父性が登場すると著者は解析する。集団生活をする霊長類で母親以外に子育てに参加するのは母親と血縁関係にあるメスである。オスは集団内の子どもやメスを外敵から守る役割をし直接の子育てはしない。しかし、いくつかの種では父性と呼ぶべき行動が見られるのである。たとえば、著者の研究したマウンテンゴリラの場合単雄複雌で長期にわたる配偶関係を維持し、オスは、思春期になって集団から離れるまで子どもに関わることになるので、その間子どもたちを保護するのである。父である。

初期人類も共同子育てをしただろう。子育てと食の共有で共感力を高めた人類は、音楽、そしてそこから生まれた言葉によるコミュニケーション能力の獲得で、仲間の関係をもう一段階進めたというのが本書の新しい視点である。霊長類の集団でのコミュニケーションの基本は歌と身振りであり、人間でもそれは言葉以上に信頼や安心をもたらす効果を持つと著者は言う。

今家族の崩壊が見られるのは、この対面でしか成立しないコミュニケーションが希薄になっているからだという主張に共感する。

金森 修

# 動物に魂はあるのか

## 生命を見つめる哲学

中公新書　2012 年

「恐らく、多くの読者は〈動物機械論〉についてならどこかで聞いたことがあっても、本書の主題〈動物霊魂論〉などは、ほとんど知らなかっただろう」とある。その通り。私の場合、ほとんどどころかまったく知らずにきた。不勉強を恥じながらも、科学を学ぶ時に教えられるのは一七世紀のデカルトの機械論であり、霊魂については聞いたことがないのだからと教育のせいにしている。

科学思想史の先生である著者も「昆虫はほとんど機械のようなもの、神様が創ったロボットのようなものなのだから『蝉《せみ》が死んだ』ではなく、『蝉が壊れた』と述べてもいいのだ」と学生に話していたという。しかし最近「蝉は実は〈土の精〉ではなかろうか。普段、人々に踏みしだかれているだけの土が、夏のごく短い間だけほんの一瞬、羽と声をもらい、楽しげに飛び回って、やがては元の土に戻っていく」と考えるようになったのだそうだ。この二つは、死を悲しまないという点で同じだが背後の哲学は正反対であり、この間で揺れていた著者は今「蝉は壊れた」に醜さを感じるようになったと語る。その著者が、科学化された現代の中で、動物の意識でも認知能力でもなく「霊魂」を主題に、動物について自然科学以外の様式で語る実験をしようというのが本書である。

出発はアリストテレス。生物学、博物学の基礎論としての「霊魂論」で栄養的霊魂（植物）、感覚的霊魂（動物）、思考的霊魂（人間）の三段階を示した。以後動物に霊魂があることを前提とした議論が、ストア派のセネカ、帝政ローマ期のプルタルコスなどを経て一六世紀モンテーニュの動物礼賛へと続く。彼は人間だけが持つとされる知性や理性が動物にもあり、人間が技術を持つのは、それがないとうまく生きていけないからだけだと説く。西洋文化の底には、常にアリストテレスの霊魂論が流れている。

そこにデカルトが登場し、人間の思惟《しい》の卓越性と独自性を守るために動物は機械だという印象を与える文を書いたと著者は分析する。その影響は大きく、デカルト信奉者のマルブランシュは、妊娠している雌犬を蹴り「あれは別に何も感じないんですよ」と言ってのけたのだそうだ。「機械論」はパリのサロンなどの話題だったとのことで、それを巡る多くの議論が紹介されている。その中に、動物を機械と強弁し続ける気持には身障者や他民族などを見下す眼差《まなざ》しが内包されているという指摘があり、考えさせられる。

私たちはなぜかヨーロッパでは機械論がそのまま続いていると思っているが、実はその後「〈常識派〉への揺り戻し」、「論争のフェイド・アウト」があると著者は教えてくれる。常識派として登場するのがライプニッツとヴォルテール。もちろんこの問題は複雑なので黒か白かとはならないけれど、議論は中庸に戻る。こうして機械論が説得力を失なうにつれて興味深いことに霊魂論も存在意義を失なってきたというのが歴史の流れである。

そこで現在。問題は〈現代化された動物機械論〉である。科学が進展し生き物を機能だけで見がちな時代の中に大規模で系統化されたある種の動物虐待があることは否定できない。個人の考えを越えて社会化されたものだ。ここで著者は、霊魂論の歴史を踏まえ、常識を生かした〈現代の動物霊魂論〉の必要性を語る。この世界にはいろいろな魂があり、その中で人間は少しだけ特別な魂を持つが故に、他人にも他の生物にも気遣いできるのだとも。霊魂論の歴史は、平凡だが大事なことを教えてくれた。自分でも考えてみたい。

ジェレミー・テイラー

# われらは チンパンジーにあらず

## ヒト遺伝子の探求

鈴木光太郎訳　新曜社　2013年

ゲノム（細胞核内のＤＮＡのすべて）は、ヒトとチンパンジーで一・六％しか違わない。共に塩基が三〇億ほど並んでいるので、実際には三五〇〇万もの塩基に変異が見つかっているのだが、それでも一％強という小さな数字の与える印象は強い。ＤＮＡ研究が、すべての生き物は共通の祖先をもち、人間もその一つであることを示してきたのであり、チンパンジーがヒトに最も近いことはこれで明らかだ。チンパンジーの行動研究にも仲間意識をもたせるものが多い。とはいえ、やはりヒトはヒト。共通祖先からチンパンジーと分かれて以来の六〇〇万年の間に起きた変化を知りたい。ヒトを特徴づけるものは何かという問いがこれまで以上に大きくのしかかってきたように思う。

ここでまず浮かぶのが言葉である。英国で言語障害をもつ家系（ＫＥ家）を対象にその原因遺伝子を探索した結果、高次の言語処理を行なうブローカ野と発話の際の複雑な筋肉の動きを制御する基底核とに関わる遺伝子に変異が見出された。第七染色体の長腕に存在するそれは、ＦＯＸＰ２と名づけられ「言語遺伝子」として有名になった。しかし、この遺伝子は動物全体で保持されており、鳥の歌や、コウモリのエコロケーション（超音波によるにも関わっていることが明らかになった。共通性は、喉頭から出る音や超音波の生成に関わる筋肉の素早く巧みな運動調整にあり、ＦＯＸＰ２はそこにある多くの遺伝子の調節役なのである。具体的機能の解明はこれからだが、「言語遺伝子」という呼び方は適切ではない。高次機能に「〇〇遺伝子」はないのである。

たとえば、脳ではたらくエンドルフィンの遺伝子そのものは霊長類で共通だが、その調節に関わる部分はヒト以外では一つであり、ヒトでは一つから四つまでさまざまとわかった。以前はガラクタと呼ばれていたタンパク質合成と無関係の領域も調節に関わっている。何が存在するかよりも、それがいつ、どこで、どんな風にはたらくかが重要なのである。こうして、一・六％の違いが、かなりの差を生み出すわけである。

遺伝子の変異も塩基の変化に限らず、配列重複、欠失、スプライシング（ＲＮＡのつくり方）の違いなどさまざまである。ヒトでだけコピー数の多い遺伝子に注目すると、その多くが脳と中枢神経系に関連しており、脳研究の必要性を改めて感じる。その他重要なのは、栄養と代謝（食べものの変化が関係）、病気との闘いであり、この三つが六〇〇万年間の変化を象徴しているようだ。

著者は、行動研究についても、チンパンジーだけに注目することによるバイアスを指摘する。イヌは、人間の目の動きで餌《えさ》の場所を知るなど社会的認知能力が高い。カラスは筒の中から餌をとり出すのに適した棒を他の棒で引き寄せるなどの作業でチンパンジーを凌《しの》ぐこともある。もちろん、イヌやカラスの方がヒトに近いと言っているのではない。ヒトを知るには、さまざまな生物のさまざまな現象を比較する必要があるということだ。

興味深いのは「自己家畜化したヒト」という章で、ヒトとチンパンジーの間の遺伝的差異の多くがこの四、五万年で起きており、たとえば、認知に関わるドーパミン受容体の多型化には社会が強力な淘汰《とうた》圧をかけているらしいという指摘だ。まだ仮説の段階だが、ヒトへの進化にとって重要な視点である。

チンパンジーが魅力充分の仲間であることは認めたうえで、ヒトを知ろうとする時にゲノムの近さだけに惑わされないようにという忠告である。

岩田 誠

# 鼻の先から尻尾まで

## 神経内科医の生物学

中山書店 2013年

神経内科は、全身の神経系を対象とするので、「頭の天辺《てっぺん》から足の裏まで診察する科」と思ってきた岩田先生、近年その間違いに気づく。脊椎《せきつい》動物の先端は鼻、最後尾は尻尾《しっぽ》なのだ。四つん這《ば》いになってみると実感できる。先生の診療の基本は問診と診察、体に刺激を与えての反応の観察である。

観察は日常にも及び、洗髪後鏡を見ながら（なけなしの髪とあるが、それはどうでもよい）片目をふさぐと反対側の瞳孔が拡《ひろ》がることに気づく。瞳孔の大きさは明るさにより変化することはよく知られているが、そこでは両目に入る光量の和が効いているのだ。片目を閉じれば当然入力は減る。体験を生かす医師の教育を心がけてきた先生、これを授業で用いると学生は驚いて、以来体に関心を示すようになるとのことだ。

「目玉の不思議」と名づけた章の他、この種の観察と洞察が三〇話並んでいる。どれも専門知識と日常の眼が合体した面白さがある。「片頭痛は脳の病気？」には、突然の頭痛にこれで頭を縛るようにとデスデモナにハンカチを渡されるオセロが登場する。片頭痛は、拡張した動脈が三叉《さんさ》神経を引っ張って起こるので、縛って血流を減らすのがよいのである。最近、動脈拡張の原因は三叉神経が炎症誘起物質を放出するためとわかり、原因遺伝子も見出された。ショパンも片頭痛に苦しんだ一人で、ピアノ・ソナタ第二番は第一楽章で予兆、次が恐怖、第三楽章の葬送行進曲は痛みに耐えるしかない諦め、第四楽章は脱力感と混迷だというのが岩田説だ。そう思って聴いてみよう。

「〝むせ〟れば安全」も紹介したい。人体で最もスリルに富んだところは「咽頭《いんとう》」だとのこと。気道と食物道が交差する咽頭が、人間では言葉を話す能力と引き換えに誤嚥《ごえん》を起こす構造になり、窒息の危険を抱え込んだ。これを避けるのが〝むせ〟である。高齢者の死因として多い肺炎は、唾液が気道に入っても、むせて咳《せき》で追い出せなくなり、唾液中の細菌が肺に入って起こる。高齢になって咳ばらいができなくなったら要注意である。医師にも肺炎の原因を食物の誤嚥と勘違いし、経口摂取を止《や》めればよいとする人が多いが、それは違うとの指摘になるほどと思う。

患者の観察、解剖学で得た知識、生物進化への興味、芸術への関心などがみごとに混じり合った医師像が見えてくる。近年医学が科学技術化し、最先端科学と最新医療機器こそ最良の医療への道とされるが、現場でありがたいのはこういう医師の存在ではなかろうか。科学的知識は重要だが、診察し、判断し、治療するのは人間であることはいつの時代も変わらない。

　ところで岩田医師が「神様の失敗」とする人体部分が四つある。頸椎《けいつい》、鼠径《そけい》輪、肛門の周りの静脈叢《じょうみゃくそう》、腰椎である。頸椎症、鼠径ヘルニア、痔核《じかく》、腰椎症に悩む人は確かに多い。頸《くび》は重い頭に耐えかね、腹筋の裾が閉じていないので内臓がはみ出し、イキむと肛門の周囲に血液が集まり、腰も体重を支えかねているのである。いずれも人間が立ち上がったために起きた問題である。頸椎も腰椎も滑らかに動くようにと椎間板が入っているが、年と共につぶれて弾力を失ないちょっとしたことで椎骨からはみ出す。椎間板の耐用年数は四〇年とのこと。それなのに私たちはテニスで腰をひねり、車をバックさせようと頸をまわし、椎間板をこき使う。ここで岩田先生敢然と反スポーツキャンペーンを張る。「担ぐな、ひねるな、反るな、屈むな」と。東京オリンピックに大騒ぎする人とどちらに分があるか国民投票も面白いかもしれない。

神崎亮平

# サイボーグ昆虫、フェロモンを追う

岩波科学ライブラリー　2014年

タイトル通り、最終章ではサイボーグ昆虫が活躍するのだが、そこまでの道のりは厳しい。研究過程も大変だし読むのもなかなか面倒だ。しかし、魅力的な研究なのでていねいに読んでいこう。

昆虫の特徴の一つは小さいことであり、脳も小さい。脳をつくる神経細胞はヒトの一〇〇〇億個に対し、一〇万から一〇〇万個しかない。それなのに異性の呼び寄せ方、敵からの逃げ方など、なかなかの能力を見せる。刺激から反応までの時間がヒトの〇・二秒に対しゴキブリは〇・〇二秒、つかまえられないはずだ。神経細胞が少ないことを生かし、著者はカイコガをモデルとして脳研究を始める。

同じ環境でも生物によって意味が異なる。昆虫の場合、複眼で立体視はできず、視力はよくないが、紫外線や偏光が見える。小さいので摩擦や粘性が大きく、ショウジョウバエにとっては空気はネバネバしている。そこで、計測器を用いて昆虫にとっての信号を人間が分かるものに変え、昆虫の感覚・脳・行動のしくみを明らかにしていくことにした。

環境の要素として選んだのがフェロモン。カイコガのオスはそれを頼りに数キロメートル離れたメスを探し出す。空中での匂い物質の分布の様子がわからないために、オスによるメスの探し方もわからなかったのだが、一九八一年、匂い物質は一律に広がるのではなく断続的な塊となって浮遊していることが明らかになり、研究が進んだ。オスのガは飛べないので、歩いて匂いの方向へ直進し、それが途切れるとジグザグに歩き、更には回転する。これをくり返して源を探るのである。

ここまで分かったところで著者は、浮かんだボールの上にカイコガを乗せ、ガの動きによってボールが動くようにし、ガと同じように行動するロボットを作った。するとこれも直進、ジグザグ、回転歩きをした。そこで、ロボットがガとは違う動きをするように操作したところ、驚いたことにガはその動きを修正し、八割以上の成功率で匂い源に到達したのである。「昆虫、恐るべし」と著者は言う。脳の指令によって補正をしているのである(インターネットに動画がある)。

昆虫の場合、頭部・胸部・腹部それぞれに神経節があり独自にはたらいているので胸を切りとっても羽ばたいたり歩いたりする。しかし、胸だけではジグザグ歩きや回転はできない。それには触角でのフェロモン受容と脳の指令が必要なのだ。やはり脳を調べなければならない。ここで著者らはフェロモン受容細胞にチャネルロドプシン2という光に反応するタンパク質の遺伝子を入れ、光をあてるとジグザグ歩きや回転をするガをつくった。これで行動制御が自在になり、「まさにパラダイムシフトをおこせた」と著者は言う。ガの行動制御に関わる前運動中枢のニューロンは八六個なので、スーパーコンピュータを用いて神経回路の動きをリアルタイム性をもたせてシミュレーションすることにも成功した。

ところで、神経回路は環境の中で変化するはずであり、ここを知らなければ実態はわからない。そこで、腹・肢《あし》・翅《はね》を除いたガをロボットに固定し、ここからの指令でロボットが動くようにした。匂い源探索をするサイボーグ昆虫の誕生である。これでいよいよガとロボットの動きが異なる場合に補正をする際の脳の出力信号の変化が追えるようになった。小さな脳がどのようにみごとに働くか、それがどのように行動とつながるか。これからが楽しみだ。

カスパー・ヘンダーソン

# ほとんど想像すらされない奇妙な生き物たちの記録

岸田麻矢訳　エクスナレッジ　2014年

ピクニックの途中、小川のそばの草むらでの休憩時に何か読みたくなった著者が鞄《かばん》の中をゴソゴソ探したところ、出てきたのが『幻獣辞典《げんじゅうじてん》』だった。一九六七年にアルゼンチンの作家ホルヘ・ルイス・ボルヘスが著した動物寓意譚《ぐういたん》であり、登場するのは神話や伝説の中の生き物とボルヘスの想像の産物である。読むうちに少しうとうとしながら、現実の動物にこれより奇妙なものがいるのではないかと思えてきた。近年の進化研究の成果は、神話や伝説以上に豊かで実りある視点を提供していると思ったのである。

そこで始めた「ささやかな探究の断片を集めた、二一世紀の動物寓意譚」が本書である。登場する動物はアホロートル、オニヒトデなど一七種。ケツァルコアトルスやイエティクラブのようになじみがないものはどう奇妙なのか知りたいし、ニホンザルなどなぜ選ばれたのか気になる。人間の奇妙さは日常の政治などで身に沁《し》みているとはいえ、アホロートルと並べたらどうなるかこれまた知りたいところだ。「寓意譚」とあるように単なる生物学の解説ではなく歴史や芸術にまで広がる面白い読み物である。いくつか例をあげよう。

まず第一章アホロートルに敬意を示そう。サンショウウオの仲間だが愛嬌《あいきょう》のある顔で一時人気者になったので記憶している方も多いのではないだろうか。仲間の一つイモリと同じように再生能力が高く、手足を切断しても見事に元に戻す。今やｉＰＳ細胞などによる再生研究が盛んだが、自然界での体の形づくりという生命現象の根幹をそのまま見せる彼らの再生には独特の魅力がある。

生息地がメキシコ高地の湖に限られるアホロートルは、近絶滅種である。その地に栄えたアステカ王国は、湖の中の浮島で育てたトウモロコシや豆などと湖の魚やアホロートルを食べて豊かに暮らしていた。ところが一六世紀にメキシコを征服したスペイン人が湖を埋め立てたのである。メキシコシティは五つの広大な湖の上にある。実験室でお眼にかかる愛嬌者のアホロートルがアメリカ大陸の歴史に深く関わっているとは知らなかった。

次に、イエティクラブに登場してもらおう。深海に棲《す》むカニの仲間、水深二二〇〇メートルの太平洋南極海嶺にある熱水噴出孔近くで発見された。鋏《はさみ》にも脚にも毛が多く、とくに鋏は毛むくじゃらだ。だからイエティ（雪男）なのである。この毛が熱水域での断熱の役割をするとか付着するバクテリアがガスを中和したり食料になったりしているとか、さまざまな説がある。近年深海で、次々と興味深い生きものが発見され研究者の熱い眼が注がれている。イエティクラブは、原始生命誕生の地と推測される場におり、興味をそそる。

ところで甲殻類は、西洋の文化では醜く異質な生き物と捉えられていると著者は言う。サルトルが『嘔吐《おうと》』で、あらゆる存在への嫌悪感の表現として人がカニのように見え始めたと書いている例をあげて。更に「甲殻類に対して私たちが抱く複雑な気持ちと、ロボットに対する私たちの姿勢には、共通点があるようにも思える」とも言うのである。アトム大好きの日本人として、ロボットとのつき合い方には、技術だけでなくその底にある文化の問題が重要なのだと考えさせられた。

気になる人間の章を見よう。著者は人間を愛している。よいことだ。それならカニだって愛してあげればよいのにとも思うが。人間の最大の特徴を「意志を疎通して互いに努力する（少なくとも同じグループ内では）という、ほかの霊長類に比べて格段に優れた能力」に見ている。事実、このような研究成果がかなり報告されている。それなのに、実社会はこれで動いているとは思えないところが人間の一番の奇妙さだ。次いでニホンザルを見ると、こちらは「陰謀と策略が渦巻く」闘争社会を作っていると始まるが、アカゲザルから発見された「ミラーニューロン」に触れ、サルの脳には相手に共感する能力も組み込まれているとの指摘も忘れない。人間に近い仲間に存在するこの二面は私たちの中にもあるはずであり、言葉を持つことで意志疎通の能力を手にした人間として共感や協力を伸ばしていくことこそ人間らしさだろうと考えた。

近年の科学的成果は、一見奇妙と思える動物たちが、それぞれの環境の中で巧みに生きていることを教えてくれる。人間中心の科学技術社会で暮らしている私たちには奇妙と見えても、そこに生きる本質があるのだ。著者はヴォルテールの『カンディード』の結び「ぼくたちの庭を耕さなければなりません」を引用し、その時に「周りの生き物たちの性質や存在について注意深く観察すれば、さまざまなものが見えてくるはずだ」と言う。そしてチャペックの「テストし、それらに精通し、実地に評価するために、園芸家は一千一百年を要するのだ」という言葉も引く。「私たちが人間らしくあるのは、自分たち以外の他の生命のことを気にかけて行動する時だけだ」という著者の結論に同意し、奇妙な生き物だけでなく身近な生き物もよく見ようとつけ加えたい。

スヴァンテ・ペーボ

# ネアンデルタール人は私たちと交配した

野中香方子訳　文藝春秋　2015年

マイケル・クライトン著『ジュラシック・パーク』は、ジュラ紀のコハクに閉じ込められた蚊が吸っていた恐竜の血から取り出したDNAで恐竜を再生する話であり、よくできている。しかし科学となると話は別だ。コハクの中のシロアリやゾウムシのDNAを解析した論文を検討した著者は、一億年前の生物のDNAが残っていることはないと結論づける。

著者自身、古代のDNAの解析を目指して苦労を重ねた結果、二万五〇〇〇年前のウマの化石、凍土中の五万年前のマンモスならなんとかというところにこぎつけたばかりなのである。試料から抽出したDNAのほとんどは、周囲に増殖したバクテリアや化石を採取した人間のDNAである。それらを排除しデータを精査しなければ、古いDNAの解析などできるはずがないのに、二〇世紀末から二一世紀へかけてその配慮のないデータが次々と出され、マスコミを賑《にぎ》わせた。ヒトゲノム解析が話題になっており、人々はゲノムという新しい切り口での面白い話題を待っていたのである。

著者は、一九八〇年代にエジプトのミイラのＤＮＡを解析した。一三歳の時に訪れたエジプトに惹《ひ》かれていたのだが、エジプト学は退屈と感じて医学に進み、免疫の研究室に入った。生物学を面白く思いながらエジプトへの憧れも捨てきれない日々の中で、この二つを結ぶアイデアが浮かんだ。若い学芸員の手助けで二四〇〇年前のミイラの断片を手に入れ、秘かに解析。Ａｌｕというヒト特有の配列を目印に解析に成功し、『ネイチャー』に発表した。その反響は大きく、内職のつもりだった「古代の遺伝子に人生を賭《か》ける」ことになる。ヒトゲノム解析プロジェクトの開始、ＤＮＡ増幅技術のブレークスルーなどからの刺激も決心の後を押した（ミイラのデータは誤りと後でわかるのだが）。

まずは動物で試運転である。一九九六年までに動物の剥製からの遺伝子抽出法を確立して自然史博物館を遺伝子バンクに変え、古代動物の研究を可能にした。しかし、本当に知りたいのは人類の歴史である。依頼されてアイスマンを解析するが、面白い結果は出ない。悩むうちに、ネアンデルタール人こそ調べるべき対象だと気づく。現生人類とは明らかに違うし、数万年ならＤＮＡが残っているはずだ。そこへボンの博物館からネアンデルタール人の骨を調べてほしいという電話がくる。「驚くべき運命の収斂《しゅうれん》」と著者は書く。研究の世界でよく起きることである。まず、ミトコンドリアＤＮＡは現生人類と異なることが明らかになった。イギリスのグループの結果と合わせると、種内での配列のバリエーションは三・七％であり、現生人類の三・四％と近いこともわかった。類人猿では一五％以上であり、ネアンデルタール人も小さな集団から始まったと考えられる。

この成果発表後、また運命が変る。マックス・プランク協会が創設する進化人類学研究所を任せると提案されるのだ。一九四八年の設立以来避けてきた人類学だが、ナチスの記憶を乗り越えて「何が人類を特別な存在にしているのか？」を問う学際的研究所を作る、その基盤は進化だというわけである。本格発進！

ミトコンドリアの解析では、ネアンデルタール人は現代人のＤＮＡに寄与していないことがわかったが、核ＤＮＡ（ゲノム）を調べる必要がある。難しい道である。凍土の中のマンモスならともかく、洞窟からのネアンデルタール人では不可能……そこに救世主が現れる。「次世代シーケンシング」と呼ばれる革新的なＤＮＡ解析技術である。科学の発展は技術開発が支えている。これで元気づけられた若い仲間たちが工夫を積み重ね難問を解決していく過程は、研究の具体を伝えて面白い（専門外の人にはちょっとしんどいかも）。

二〇〇六年、最先端研究者が集まる会議で、ヒト染色体マップ上にこれまでに解析したネアンデルタール人の配列を重ねて報告すると会場がどよめいた。解析したのは〇・〇〇〇三%なのだが、原理上は全ゲノムが解析できる。ここで著者は二年後の全ゲノム解読を宣言する。五〇〇〇万ドルの費用、コンソーシアムの設立、更なる技術開発などの苦労はわかっていながら。

そして二〇〇九年、ネアンデルタール人と現代のフランス人、中国人、パプア人とのゲノムの比較から、非アフリカ人の一致度がアフリカ人と比べて常に二%多いことがわかった。一見わずかな差だが、アフリカ以外の人々への遺伝子の寄与を明らかにしたのである。この遺伝子の移動は、ネアンデルタール人から現生人類へという方向であると解析できた。いつどこで何が起きたのか。著者は五万年前にアフリカを出た現生人類が中東でネアンデルタール人と交配し、その子孫が世界へ拡散していくモデルを出している。まだ多くの検証が必要だ。ゲノム解析の結果から、類人猿のペニスに存在しヒトにはない突起がネアンデルタール人にもないことを明らかにする報告が出た。また言語能力に関わる遺伝子FOXP2で見られるヒト特有の変異がネアンデルタール人にもあることもわかった。今後何が明らかにされていくかが楽しみだ。人類の歴史をゲノムという基本から解明する道をつくった画期的研究の過程を研究者の日常と共に語り、研究現場を伝える好著である。

塚谷裕一

# 森を食べる植物

## 腐生植物の知られざる世界

岩波書店　2016年

おかしな題だ。通常植物といえば、森をつくるものであり、そもそも森という字が木でできている。おかしな存在には事欠かないのが生きものの世界だが、それにしても森を食べる植物とはどういうものなのだろう。

答は「腐生《ふせい》植物」である。花を咲かせる被子植物なのだが、葉っぱがない。植物の象徴とも言える緑の葉を持たず、光合成しないので、何かを食べなければ生きられない。そこでこの仲間特有の暮らし方をしている。

まず具体例をあげよう。比較的身近な腐生植物として紹介されるのがギンリョウソウ（別名ユウレイタケ）、タヌキノショクダイ、その他ランのいくつかである。身近と言っても山歩きなどの好きな方でなければあまり出会えないかもしれない。太い茎の上に、下向きに咲く透明感のある白い大きな花が一つだけついたギンリョウソウは、美しいけれどやはり奇妙だ（図鑑参照ですね。本書巻末に小図鑑あり）。彼らは、自分の根に侵入してくるカビやキノコの菌糸から栄養分をとっている。根に入りこむ菌糸は植物から栄養分をもらうことが多いのだが、この場合植物の返り討ちである。

「腐生」とは、生物の死体を分解して暮らす生き方をさすものであり、この仲間の場合は誤解からの命名で、「菌寄生植物」が実体に合っている。ただ、寄生といえば、寄生虫のように寄生される側が大きいのが普通なのに、この場合は目に見える植物が菌糸に寄生しているわけだから、常識からははずれる（近年、人間社会でも小さな親に大きな子どもが寄生している例が見られるけれど）。

ところで、寄生されるカビやキノコは、森の落ち葉や枯れ枝を栄養源としたり樹と共生したりしている。そこで、腐生植物は森を食べていることになるわけである。近年、植物と菌糸の種類の相性やその相互関係が進化と共に変化していく様子などの研究も進んできた。また、腐生植物は葉緑体をつくらないだけでなく、核にある光合成遺伝子群のいくつかをも失なっていることも明らかになった。光合成能をもつ生きものには戻れないわけで、今後も寄生相手を見つけて生きていくのだろう。

腐生植物を見ることのできる森の特徴とそれへの著者の思いがこう記される。「安定した、人の手のほとんど入っていない豊かな森では、林床はすっきりとしていて清潔感があり、下草もほとんど生えておらず、遠くまで見渡すことができる。地面はうっすらと落ち葉で覆われていて、その落ち葉のところどころからキノコが生えることもあるが、密生はしない。そんな中に、魅惑的な腐生植物が顔を覗《のぞ》かせているのである。／森を食べて花を咲かせる腐生植物は、森の結晶とも言えるだろう。」

知られざる存在であるだけに新種の宝庫であり、著者も何種か発見したとのことだ。関心を持たれた方は、森を楽しみながら新種を探されたらどうだろう。もし発見できたらそこに名を残すことができる。著者による探し方の指南である。⑴よい森に行く。ここでのよいは、安定期に入りゆとりのある状態を言う。⑵きれいな林床。見通しのきくところである。⑶目線は前方斜め下。水平面から四五度から六〇度くらいの右側を見ていると、早足で歩いても見逃さないとのことだ。

腐生植物の宝庫である熱帯多雨林は急速に失なわれつつある。要因の一つは〝地球に優しい〟バイオディーゼル用のパーム油生産を目的としたアブラヤシの植林である。腐生植物に限らない。森の貴重さを再認識しなければならないと改めて思う。

NHK「ゲノム編集」取材班

# ゲノム編集の衝撃

## 「神の領域」に迫るテクノロジー

NHK出版　2016年

科学を巡っての「○○の衝撃」というタイトルの本は避けよう。なんとなくはたらく気持である。ただ「ゲノム編集」を知った時は、「衝撃」に近い強い印象を受けた。しかも研究だけでなく、応用技術に関わるので、紹介したいと考えた。

一言で言うなら「狙った遺伝子をピンポイントで壊しはたらかなくする」だけでなく、その後へ望みの遺伝子を入れてはたらかせることもできる、従来の技術をはるかに超えた遺伝子操作である。それをなぜ「ゲノム編集」と呼ぶのか。それも含めて見ていこう。

体内で起きるさまざまな現象の実体を知るには遺伝子（DNA）を壊して何が起きるかを見るのがよい。そこで、遺伝子のノックアウトには長い間、多くの研究者が挑戦してきた。この歴史は興味深いのだが、ここは先を急ぎ、最新技術に飛ぶ。その技術を発見したチームは、細菌の免疫のしくみを研究していた。細菌では感染に対抗する時にはたらく「クリスパー」と呼ばれるDNA配列が以前から知られていた。チームは「クリスパー」

ＤＮＡを解析し、そこに特徴的なくり返し配列に、過去に感染したウイルスＤＮＡの遺伝子断片がとり込まれていることを見つけた。同じウイルスが感染すると、この配列を目印に「キャス９」という酵素がウイルスＤＮＡを切断し、感染を防ぐのである。私たちの免疫は細胞を用いているが、単細胞生物である細菌は、ＤＮＡを用いるのである。巧みなしくみだ。こういう事実を知る時、つくづく生きものは面白いと思う。

それはともかく、この「クリスパー」「キャス９」の組み合わせは、狙ったＤＮＡ配列の切断に使える。簡単な操作で、誰もが正確に、短時間で望む遺伝子を壊せるのである。「組み換えＤＮＡ技術」ではバラにパンジーの青い色の色素遺伝子を組み込んだ青いバラが有名だが、それはくり返しの作業の結果偶然望みの場所に入った細胞を選んだので、一四年の歳月がかかっている。これは「遺伝子工学」と呼ばれる。

クリスパーは、解読されているゲノムの狙った箇所を操作し、時にはそこにきまった配列を入れるので、工学というより情報操作という感覚で「ゲノム編集」と呼ばれるわけだ。生きものを対象にしているという意識だが、これは同時に、生きものを思うがままにする意識にもつながる。ここが「衝撃」なのである。

この技術で間違いなくゲノム研究、ひいては生きもの研究は進展する。一方応用の場合、わからないことのある中でこの技術をどう使うか。難問である。応用技術として、すでに実用化に動いているマダイとウシの筋肉増量が紹介されている。近畿大学で筋肉の成長を抑えるミオスタチン遺伝子を壊したマダイは、一年で通常の一・五倍ほど重くなった。二世代目の研究から確実に筋肉の多い品種への改良が行なわれたと考えてよさそうである。海外ではウシで同じことが行なわれている。植物では、動物のように簡単にＤＮＡや酵素が入らないが、さまざまな工夫で「ゲノム編集」を進め、品種改良を加速化している。

そして医療である。長い間遺伝子治療と言われながら実用化は極端に限られていた。ゲノム編集の活用でエイズの治療が行なわれ、筋ジストロフィーの研究も進んでいる。従来の遺伝子技術と異なりまさに「編集」なので結果は着実に出る。期待が高いが、著者が指摘する「生命の道具化」への危惧も高い。

これの使い方は社会の価値観による。多くの人が知り、考えてほしいと思う所以《ゆえん》である。

倉谷 滋

# ゴジラ幻論

## 日本産怪獣類の一般と個別の博物誌

工作舎　2017 年

一九五八年生まれの著者が初めて観《み》た映画が「モスラ対ゴジラ」であり、劇場で怪獣を見る貫重な体験として残っているという。ビキニ環礁の核実験によって生まれた「ゴジラ」が登場したのが一九五四年、ゴジラと共に育ったのだ。この時高校生だった私は子ども向けと受け止め、映画館に足を向けなかった（他に観る映画がたくさんあった）。世代の違いを感じる。ところで、お母様がすばらしい。怪獣ブーム真っ只中《ま ただなか》の息子に古生物図鑑を買い与えたという。著者の専門は進化発生学だが、物質の機能だけから生命現象を語ることが多い中で形態学の歴史を踏まえた比較形態学を進めている。妄想と科学が微妙に重なり合う「亜博物学」、ゴジラ幻論は著者にしか語れない。

三章から成る。第一章「『ゴジラ生物学会特別紀要』より　巨大不明生物の起源」。第二章「個別の博物誌　ゴジラ生態圏をめぐる四つの報告書」。第三章「怪獣多様化の時代をめぐる随想　一九六〇年代の『ワンダフル・ライフ』」。一章と二章は、動物形態学・解剖学・発生生物学・古生物学の最新成果を踏まえた科学的考察である。ゴジラでなくとも、由来が未解明で議論中の生物は少なくない。そこにゴジラを入れるとどうなるか。映像化されたゴジラが必ずしもいつも同じではないという問題も含めての検討が始まる。

第一章では古生物学者山根恭平が「二〇〇万年ほど前、陸上獣類へ進化しようとしていた海棲《かいせい》爬虫類《はちゅうるい》が、水爆実験の放射能により海から這《は》い出した」とする。実際の陸上進出は一・五億年前だが、多くの人がゴジラは爬虫類と見ているのではなかろうか。しかし、頭部に耳たぶをもつこと、表情があること、瞼《まぶた》が上から下へ向けて閉じることから哺乳類あるいはそれに準ずる単弓類と結論せざるを得ないと恭平の孫、恭太郎が報告する。進化には収斂《しゅうれん》が見られ、ゴジラは爬虫類、とくに恐竜と「他人のそら似」をしているというのだ。

発生を見ると、時に軟骨魚類や両生類のような姿を見せる。映画「ジュラシック・パーク」では恐竜ゲノムが登場するが、ゴジラの場合これが不明、ゲノムに「複数の脊椎《せきつい》動物種の遺伝情報が無理矢理同居しているような印象」を拭えない。生物学者が最新の知識を総動員して議論を重ねるほど不可解さが増すようにも見える。

著者はここでマル秘の牧悟郎博士の日記を示す。二〇一六年米国から帰国後東京湾上で失踪した博士のゴジラ作製記録である。博士は、「解剖学が見せるネットワークとゲノムから紡ぎ出される分子ネットワークがつくり出す形を重ね合わせる」努力をするが失敗、時間の中で生まれる偶然を捉えるしかないと気づく。生物学も、今この問題に悩んでいる。ゴジラと向き合うことでこの最先端課題が解けるかも……私もゴジラの世界に引き込まれ始めている。

第二章は「個別の博物誌」。対象はアンギラス、モスラ、バラン、ラドンと広がる。草食性鳥盤類アンキロサウルスの生き残りとされるアンギラスの背部にあるスパイクはハリネズミに似ている。モスラの属するヤママユガ科の特徴である目玉模様の考察、バランがラドンの遠い祖先であるという推論など、いずれをとっても生物学の興味に溢《あふ》れている。矛盾だらけゆえに考えを刺激するのだ。

第三章は著者の独壇場、読んでください。ただ、学問の変化を記録するのが映画であり、今は科学が進んでいるようでありながら生きもののイメージはこのところ変わっていないという指摘に納得する。次のイメージはどうなるか。これを出すのは映画ではなく研究者だろう。

岩田 誠

# ホモ ピクトル ムジカーリス

## アートの進化史

中山書店　2017 年

神経内科医である著者は「アートとはなにか」という問いへの答を、脳機能を基盤とする神経心理学に求めていたが、退職して孫の言葉と描画の発達を観察し、進化史で考えるようになった。専門と日常を一体化して謎を解く科学者のありようとして興味深い。

観察は二足歩行から始まる。這《は》い這い（ヒト特有の移動）、つかまり立ち、一人立ち、歩行の各過程で足底を楊子で擦った時の屈曲反応の変化から、歩行に関わる神経機構の強固さを確かめる。赤ちゃんで誰もが試せるこの反応は、類人猿にもある。森林では二足歩行は不要なので使っていないということだろう。

二足歩行と連動した言葉の獲得の時期から、人間特有の活動が始まる。コミュニケーションの手段は、鳥の鳴き声など他の生物にもあるが、それらは眼前のでき事への行動を惹起《じゃっき》する操作的コミュニケーションである。言語は指示的コミュニケーションであり、そこから教育、装身具の作成（自己を客観的に示す）、死後の世界という人間独自の世界が生まれたと著者は言う。ネアンデルタール人には、われわれのような分節性言語はなく、指示的コミュニケーションはできなかったようである。その差がイヌの家畜化の可否につながり、イヌを狩りに利用できたホモ・サピエンスが生存競争に勝ったのではないかという指摘は興味深い。

著者は孫たち、また自身の子どもの頃の両親による記録から言語獲得過程を個人の発達の中で追う。ブーブー（自動車）という「モノ」に始まり、「モノ」と「モノ」の関係、つまりハイチャ（さよなら）などの「コト」を知る過程が進化の中での言語能力の獲得と重なっての観察は楽しい。

指示的コミュニケーション能力の獲得は、アート、つまり表現へとつながっていく。近年ゾウのお絵描きが話題だが、訓練や報酬なしで描画を楽しむのは霊長類からである。ただそれはなぐりがきを越えない。一方人間は、なぐりがきから始まって閉じた円などを描くようになり、二歳半頃には自分の顔だとか風船だなどと説明するようになる。また三歳半頃には、複数の対象を描き、「……しているところ」という「コト」を表現するようになる。六歳くらいになると自己中心座標だけでなく、公園全体を描くなど環境中心座標での空間表現も生まれ、これは言語能力獲得と並行している。幼時に言語を教えられず絵を描けなかった少女が、言語能力と共に描く能力も得たという。

古代の洞窟画の大半がリアルな大型動物であるのは、狩りの成功への祈りというよりその場の占有権を主張する勇気の証であり、群をつくって生きる有効手段だったと著者は考える。一方、ヴィーナス像など小さなアートには「美」の追求が見られ、美の概念をもつホモ・ピクトルを実感させる。

次いでホモ・ムジカーリスである。近年、ネアンデルタール人も歌を持っていたと考えられ、絵画洞窟の絵の描かれている場所は音響効果がよいという調査がある。ここで歌や演奏がなされていた可能性が高い。協同での狩りにはリズム合わせが大事ということも明らかになっており、音楽や絵画は「社会的行動」と共にあるのだろう。

アートのありようは時代と共に変化してきたが、今も生活の一部としてある。人間は自身と世界との関係を「我」と「それ」の関係として知る科学をもつ。そして「我」と「汝《なんじ》」との関係の表現がアートであり、この二つは共に人間の本質と言ってよい。これが著者の答である。

# 第2章
# せかい

Reading the world

杉浦康平

# 多主語的なアジア

工作舎　2010年

先日ある会合で、リーダー格の研究者が、「昨日中国から帰ったところなのだが、研究への投資はすごい。今や眼を向けるべきは中国だ。アジアが大事だ」と発言された。最近各界でこのような考え方が強い。中国に限らずインドやアセアン諸国が元気なのは嬉《うれ》しいが、それは第二次大戦後の日本が、欧米を手本に物質的豊かさを手に入れようと努力してきた姿と重なる。そして今それが本当の豊かさかと問う状況にある私には、本来アジアが持っているよさを生かす道は他にはないのだろうかと問う気持が強い。

本書で示された「多主語的」という切り口は、その問いへの答を探す役割をしてくれるのではないか。そんな期待がある。著者は、グラフィックデザイナーとして活躍中だった三〇代前半、つまり一九六〇年代にドイツのウルム造形大学の客員教授に迎えられる。ウルムは、モダン・デザインの原産地で多くの芸術家・哲学者・デザイナーを生み出したところである。そこでは、当時すでにサイバネティクスや情報理論などという新しい学問が、デザインの世界に取り入れられていたのだそうである。そして、若者たちにすべてを「イエスかノーか」で決めるよう求め、「私」を確立する指導をしていた。そのような中で著者は、学生たちに、こっちに行けばこういう可能性があるし、あちらに行けばまた別の可能性があると語っていたので、「フィライヒト（おそらく、たぶん）」というあだ名がついたのだそうだ。「ウルムでの、このような厳密な思考法に照らしだされて、私のなかにある日本人的な感性、多主語的なもの、曖昧《あいまい》さへの傾き……というものに突然のように気づかされた。これは重要な体験でした」とある。

実は、ドイツへ行く前の著者は、「ヨーロッパから次々と入ってきた明晰《めいせき》さの極致、ある数理的な造形に喜びをもって触れていた」。そして、ウルムでも「完璧《かんぺき》なもの、純化されたものに対する一種の求道的な姿勢」に感動している。ここで興味深いのは、この想《おも》いを「一枚の真っ白い紙を前にして日本人が感じるある種の畏《おそ》れ、同時になんとも言えぬすがすがしさ」と同じと言っていることである。「ドロドロしたものを突き抜けた先にある明晰なものに出会うと身が引き締まる」。これが日本人のすがすがしさであり、ヨーロッパ人の想いであるという解析は鋭い。しかし、著者は、ウルム滞在中にヨーロッパの求道的姿勢とその背景に潜むイエスかノーかの判断や強烈な主語性との間に矛盾を感じる。この気づきが現在の活動の出発点となるのである。

まず、七〇年代アジアへの旅が始まる。すでにウルムで、インドや韓国の学生と話し合い、それぞれの国がもつ得体《えたい》の知れない輝きに自分たちが無知であることを知るという体験があった。アジアへの旅ではそこに暮らす人々を通じて生活に根ざした文化を知ることになったのである。

このように、単なる反ヨーロッパでもアジアへの憧れでもなく、アジアの本質を生かすデザインとその基本にある生き方を求めての旅を今も続けている著者からのメッセージが本書なのである（因《ちな》みにこれは「杉浦康平デザインの言葉」という五冊シリーズの第一回配本で、この後、「アジアの音・光・夢幻」、「文字の霊力」、「地図化のこころみ」、「重層しあうデザイン」と続く）。

著者はアジアに、無名の人々が積み重ねてきた文化を見出し、「自分の存在」―「過去の膨大な人間の全存在」という引き算をする。文化、文明のほとんどは無名の人々の無限とも言える力で作られたものであるという自覚が必要と知ったのである。それを解剖学者三木成夫の言う「生命記憶」という言葉につなげると、この無限とも言える力を発揮したのは、人間だけでなくあらゆる生命体となる。そして、それを受け継ぎ、育てながら生きる大切さを思うのである。そういう眼で見ると、ウルムで見せつけられた「私」の主張は痩《や》せこけた自我意識であり、アジアの多数の主語のある存在様式にこそ、豊かさの源泉があると思えてきたと言い、その具体例として、唐草文、生命樹、神輿《みこし》、宇宙図などをあげる。

多主語とは、人間が、更には個人が、世界は自分だけのものであるかの如《ごと》くふるまうのでなく、「世界を埋めつくす一つ一つのものの身になってみる。そうすると世界がどう見えるか。見えた世界の全体を自分の眼とともに理解する、という訓練」をしようということだ。

杉浦日向子《ひなこ》との対談では、「見えないものもこの世界を構成する重要な部分であり、それを見立てることが意匠である」と語られる。また日高敏隆との話し合いでは、多主語の一つである昆虫は複眼なのになぜ、その翅《はね》に脅しの人間風目玉模様があるのだろう、どう見えているのだろうと問う。ここに答はないのだが、このような語り合いが新しい道を拓《ひら》くきっかけになりそうな気がする。

「多主語的なアジア」とは、生命を取り巻くさまざまな事柄について考えさせる言葉である。

スーザン・ドウォーキン

# 地球最後の日のための種子

中里京子訳　文藝春秋　2010年

農作物にとって種子が大切であり、その保存が必要であることは誰にもわかる。ではどんな種子をとっておけばよいか。ここに有名な逸話がある。植物収集家によって集められた小麦の標本に、背はひょろ長く、茎はかぼそく、簡単に倒れ、赤さび病にかかりやすく、寒さに弱いものがあった。ところが、それが米国で起きた黄さび病ほか多くの病気に抵抗性をもつことがわかり、現在米国で栽培される小麦にはこの一見みじめな種の遺伝子が入っている。つまり「どんな種でも集めて、ひとつ残らず保存すべし」なのである。こうして収集したものを「種子銀行」と呼ぶ。

現在栽培されている作物の多くは、品種改良を重ねた選ばれた種だが、世界中で同一種が栽培されているため、たとえば一九九九年にウガンダで小麦に発生した黒さび病は世界中を脅かした。突然変異で生まれた新種の病気であり、今も「Ug99」と呼ばれ、関係者の記憶に残っている。新しい病害への抵抗性を持たせるには「遺伝資源」が必要であり、この時、国際トウモロコシ・コムギ改良センターの種子銀行担当者として活躍したデンマーク人スコウマンのそこに到る活動記録が本書である。

研究者はこのような長期的で地味な仕事を評価しないきらいがある。その中で、「遺伝資源こそ来来だ！」と種子銀行の可能性を見抜いたスコウマンは「農業の公共図書館」と称して、すべての人に開かれた銀行づくりに努力する。一九八〇年代にはすでにバイオテクノロジーという言葉が生まれ、微生物や種子、更にはその改良技術の特許取得の動きが出ていたのであり、その中での国際的で公的な銀行の意味は大きい。

彼は、「ベース・コレクション」と「ワーキング・コレクション」に分け、資源の維持と利用との両方ができるようにした。種子銀行の設計として最も基本で重要なところだが、冷温、乾燥がきちんと保たれた施設装備の必要性を説き、資金を集めるのは容易ではなかった。その熱意と努力はすごい。更に保存する種子についてのデータが重要だ。どこで、いつ、誰が収集したのか。これが正確でないものは結局何の役にもたたない。スコウマンはこのような作業をする人材を地道に育てた。

遺伝資源の収集という重要な仕事は年々難しくなっている。一九九〇年、中国からの許可をとり、チベットで高山病と闘いながら集めた試料は、送り出したのに遂《つい》に手にできなかった。中国側は、郵送中に紛失、不幸な事故で残念と答えた。訴訟を主張する仲間がいる中で、スコウマンは、「いつの日か疑念や敵意といった感情が薄れ」「率直に〝頼む〟ことにより、議論や躊躇《ちゅうちょ》なしに、それを受け取ることができる」日を待つという選択をする。長期的視野だ。

「種子銀行」は開かれたものという彼の信念は正しいが、私企業による特許取得、生物多様性条約による遺伝資源の囲い込みで、この作業は危機と呼んでよい状況に陥っている。そのような中で、先に述べたUg99という禍《わざわい》が、危機を救うことになった。主としてノルウェー政府とビル&メリンダ・ゲイツ財団の資金で、北極圏の永久凍土の地下に二五〇万種におよぶ穀物を貯蔵する「ノルディック遺伝資源センター」が設立されたのである。二〇〇三年その所長になったスコウマンは、ストレス解消のための飲酒のせいもあって病に倒れ、二〇〇七年に亡くなる。「種子が消えれば食べ物が消える。そして君も」。彼のこの口癖は真実をついている。生命体を特許の対象にすることへの強い反対の気持も。

中田 力

# 穆如清風

## 複雑系と医療の原点

日本医事新報社　2010年

本書はこう始まる。「医療は皆のものである。だからこそ、美しい民の国・日本では、正しい医療が栄えるはずである。しかし、今、日本の医療が揺らいでいる」。そして「医療は、国の根底をなすものである。従って、医療が崩れた時、その国も滅びる。日本という美しい国を守るのは、我々、現場の医療人の義務なのかもしれない」と結ばれる（標題は、目立たずとも強い影響を及ぼす様を言うのだそうだ）。

著者は、カリフォルニア大学の医療現場で活躍すると同時に、日本で脳研究を通して複雑系の最先端研究を進めている。その経験から「生命体そのものが複雑系であることは明白であり、従って、医学も、もちろん複雑系である。そして、現場の臨床医は、たとえ複雑系という言葉は知らなかったとしても、医学が複雑系であることをずっと昔から肌身に感じていた人々でもある」と述べ、「近年、マニュアル化を推し進めている医療の世界は、この医療の根本原則に反した行為を推奨していることは明らかである」と疑問を呈する。

美しい民の国日本が美しい国としてあって欲しいという願いを共有する者として、最先端の知を基本に医療という場での具体的活動を語る本書に夢を見出した。各章には、アインシュタイン、ファインマン、ボルツマンなどの物理学者からピカソや諸葛亮孔明《しょかつりょうこうめい》までが登場し、洋の東西、古典から現代までの往来の中、生命現象がカオスやフィボナッチ数列で説明される。詳細を理解するのは難しいが、ここで大事なのはそこから引き出される人間についての考察であり、医療のありようなので、あまりひっかからずに読み進めよう。

「心の誕生」という章を見る。温度管理が重要な脳神経活動は、恒温動物の哺乳類《ほにゅうるい》と鳥類で発達した。鳥類では小脳が発達し、非線形運動制御による自由飛行を可能にした。人間は小脳の発達での二足歩行に加えて大脳を発達させ、そこに独自の前頭前野をもった。ここに損傷を受けることで人格が変わってしまった事例から、ヒトとは「理性を持ち、感情を抑え、他人を敬い、優しさを持った、責任感のある、決断力に富んだ、思考能力を持つ哺乳類」と分かる。もっともこの能力はよいことだけではない。だましたり、うつ状態になったり……そこで弊害をもたらさない前頭前野機能をあげていくと「他人を敬い、優しさを持った、責任感のある人間」が浮かび上がり、これが正しい医療人の姿だろうと著者は言う。

ピカソの章も興味深い。二〇世紀初め物理学が相対性理論を生んだ時と並行して、絵画ではキュビスムが生まれた。さまざまな角度から見たものを一つの面に描いた絵画は、抽象ではなく、高次の認知プロセスを通して具象化される。他人のために何らかの判断をする役をもつ医療人は、このような「視点の移動」ができなければならず、それは「常に真《しん》摯《し》に論理的な思考を続けている知識人のみ実践可能な脳の高次機能」だと著者は指摘する。考え、複数の視点で判断することの重要性は社会のあらゆる場面にあてはまる。

著者は、科学が今生命という複雑系に謙虚に向き合うところに来ているのに、最近の医学が、複雑さに向き合わず、「偽りの分かりやすさ」を見せ、論文発表合戦に明け暮れ、経済効果を最優先することで医療を壊していると危惧する。「自分を産んだ母なる自然にまでも挑戦しようとする愚かさを持ってしまった現代に生きるヒトという種は、やはり、もう一度、原点に戻った哲学を持たなければならないのだろう」と考える医療人は決して著者一人ではなかろう。そこに期待したい。

橋爪大三郎×大澤真幸

# ふしぎなキリスト教

講談社現代新書　2011年

「戦後日本」という表札の出た家に「日本国憲法」「民主主義」「市場経済」「科学技術」「文化芸術」という名の五人のよい子がいる。「でもある日、五人とも、養子だったことがわかります。『キリスト教』という、よその家から貰《もら》われて来たのです。そうか、どうりで。ときどき、自分でもおかしいなと思うことがあったんだ」。そこで親に会ってルーツを知ろうという問答が始まる。

科学（科学技術）を仕事とする者としては、科学技術のありようを考えたい。新しい発見をしたとか社会に役立つとかいう話でなく、自然と人間の関わりとして。ところが、この国で理系コースに入ると、それを考える機会があまりないのである。本書は、キリスト教の理解こそ科学技術だけでなく近代社会を知る入口であり、またすべてでもあるという立場で、基本から、しかも理系人間にわかりやすく順序立てて語ってくれている。

まず一神教の歴史をユダヤ教、キリスト教、イスラム教と辿り、相互の関係を明らかにする。大勢いる日本の神様はちょっと偉い仲間（確かにそうだ）。一方一神教の神は、絶対的存在であり、神にとって「人間はモノみたいなもの」、気に入らなければ滅ぼすこともできる。そこで人間は、神の考え通りに行動するのが安全と考え、そこに契約が生まれる。日本人が苦手なところだ。ただ、キリスト教にはイエス・キリストという独特の存在があり、「愛」によって契約というよそよそしい関係にくさびを打ってくれた。ここまで割り切っていいのかなと心配しながらも、『「信仰の立場」を尊重しつつも、自由にそこから出たり入ったりする、『社会学的な』議論」という著者の言葉に従って読み進める。

日本以外の多くの場の人々は、異民族の侵入、帝国の成立などで社会や自然の破壊を体験した結果、身近な神々を放逐し、宇宙の外に唯一の神を存在させた。実は、仏教や儒教も神々を放逐する点は同じであり、それらの宗教が一度壊れた世界を再建し、文明をつくったのだという指摘になるほどと思う。先進国でありながら身近な神々がいる日本は珍しいのだ。いろいろな神様も悪くないと思いながらも日本人が近代を理解しにくい所以《ゆえん》がここにあることは理解できた。橋爪氏はこう解説する。神はアダムとイブをエデンの園から追放した後「人間が自分でどこまでやれるか、見ている」。するとノア以外の人間はダメなのでノア一族を残し、そこからアブラハムを選び、選ばれたユダヤの民に律法を与えた。しかし、この律法を守れない人が続出する。ここで神は契約を更改し、律法ではなく愛という呼びかけをした。イエス・キリストの出現以来最後の審判までの時期「神は、その呼びかけに人間がどう応答するか、待っている」のであると（私もダメな方だなと思いながら読む）。

では人間はどう応答したか。一言で言えば、近代化したのである。近代化の本質である合理性はイスラム教の中にあり、事実中世までは技術・哲学でイスラムが先行していた。ところが一六世紀、ギリシャ哲学とキリスト教神学の融合で「理性」が浮かび上がり、宗教改革後のプロテスタントから、神が創造した世界を理性で理解する自然科学が生まれ、人間活動のすべてがこの流れの中で進んだ。日本もこの中に入ったのである。

このような歴史を知ると、五人のよい子が世界に伍《ご》していくには、神の理解と、その下での行動が必要ということかなと思う。でも日本に生まれた私は、どうしても身近な神様にこだわって、今後の生きかたを考えてみたいのである。

巽好幸

# なぜ地球だけに陸と海があるのか
## 地球進化の謎に迫る

岩波科学ライブラリー　2012年

地球に陸と海があるなんてあたりまえ、多くの方がそう思っているだろう。私の場合、仕事柄海については考えてきた。地球は水の惑星と呼ばれ、海があったからこそ生命体が生まれたのだから。でも陸は……。

実は、大陸の形成は地球上の重要事件であり、しかも近年その研究に大きな進歩が見られているようなのだ。著者らはその中で「大陸は海で生まれる」という仮説を立て検証中なのである。新しい科学を生みつつあるワクワク感が伝わり、読むうちに「地球だけに陸と海がある」という文字が輝いてきた。

地球は、中心から核、マントル、地殻という三層構造をしており、地殻はマントルの上に浮いている。マグマから作られる地殻には、大陸地殻、海洋地殻の二種がある。前者は安山岩質で平均四〇―五〇キロメートル、後者は玄武岩質で六キロメートルと組成も厚さも異なる。これが惑星としての地球の特徴なのである。

ところで、この地殻なるもの安定してはおらず、常に作られ続けている。ここで登場するのがプレートテクトニクスである。地球の表層を覆ういくつかのプレートは、地殻とマントルの一部が一緒になったものであり、常に動いている。海洋プレートは火山が密集するところで海溝からマントルへと沈み込み、ここで安山岩質のマグマが発生することがわかってきた。先に大陸地殻は安山岩質だと述べた。そこで、この沈み込み帯で大陸地殻が作られるのではないか、つまり海で大陸は生まれるのではないかという考え方が出て来たのである。

一九九六年、東大の海洋研（現大気海洋研）が伊豆・小笠原諸島付近の地下構造探査で火山の真下に二〇キロメートルの厚さをもつ「島弧地殻」を発見し、それが大陸地殻と同じ安山岩質だった。そこで小笠原諸島から更に南のマリアナ諸島も含めた「伊豆・小笠原・マリアナ弧（IBM弧）」調査プロジェクトが始まった。IBM弧があるフィリピン海プレートが年間数センチ移動し、この運動によってマントルに沈み込んでいることが、海溝型巨大地震「南海・東南海・東海連動型地震」を発生させているという重要な場所である。

IBM弧の誕生は五〇〇〇万年ほど前、その後プレートと共に北へ、更に東へと移動し、一五〇〇万年前にアジア大陸から分離してきた本州に衝突した。これで伊豆半島・丹沢山地ができたのだが、近年、衝突の際に地殻の一部が融《と》けて接着剤となった、それが丹沢の花崗岩《かこうがん》であることがわかってきた。陸の誕生の経過が身近に残されているのである。

三八億年前に始まったプレートテクトニクス。以来沈み込み帯で大陸が作り続けられていることで地球という星の特徴が生まれたことがわかってきた。著者はそれを「サブダクションファクトリー」（沈み込み工場）と名付け、海洋物質（堆積物《たいせき》、地殻、マントル）を原材料とする大陸形成とそのための地球内部の物質循環を語る。金星や火星にもマントルや火山活動があるのにプレートテクトニクスは地球だけにしか見られないのは、沈み込みが起きるには摩擦を小さくする水が必要だかららしい。結局水に戻った。水惑星と聞くと、美しく青い星を思い浮かべるが、水ゆえに地球は大きく変動する星にもなったのだ。地震もこの地球変動の一つなのである。

宇宙や生命に比べて地球はあまり語られていない。正直、不慣れな用語や物質名にかなり戸惑った。興味深いテーマなので、今後更に読みやすい本の登場を期待している。

岡田美智男

# 弱いロボット

医学書院　2012年

「弱いロボット」という標題と帯の「ひとりでできないもん」という文字がなんだか気になった。ロボットと言えば、十万馬力で七つの威力をもつ凛々《りり》しい鉄腕アトムが眼に浮かぶ。宇宙や深海や危険な場所などで人間には難しい作業をテキパキ片づけて欲しいと期待する。それなのに弱いロボットとは何だろう。学生時代じゃんけんに負けて行くことになった研究室での音声認識研究が面白くなった著者は、自然言語処理の世界に入る。そしてこれまた偶然の関西転勤で、この地域独特の「しゃべり」に刺激され、雑談の研究を始めた。研究所のオープンハウスへの参加を求められ、コンピュータの中にトーキング・アイと名づけた目玉一つの仮想生き物を作り、勝手におしゃべりをさせてみた。これがなかなかの人気で研究も進んだのだが、自分との関わりが生まれず、なんだかつまらない。

その時、アシモ（二足歩行ロボット）が登場、倒れそうになると思わず手が出る感じを味わい、身体にはたらく重力、支える地面、足を動かす行為が一緒になって「なにげない歩行」が作り出されていることに気づいたのである。「歩くのは足を動かすだけじゃない」。この発見を機に「モノ」に移り、発泡ウレタンゴムで目玉一つ（ここにカメラが入っている）の「む〜」を作る。名前は有名なアニメーション「ピングー」の、喃語《なんご》のような「むー」という言葉を話させたところから来る。雑談はあらかじめ話すことがきまっているわけではなく、他者との関係からその場で生まれるものなので、むーというあいまいな言葉がうまく機能するのである。こうして、はたらきかける〝賭け〟に対し、必ず〝受け〟があり、その〝受け〟がとても大事なのだということが分かる。

ところで、地面は私たちの一歩を支える責任を感じてはいないけれど、他者は応答しようとする。これが生きもののもつ特徴であり、社会性、関係が重要なのである。「む〜」が目玉一つ、手も足もないロボットであったことが生み出す関係を見ているうちに、「一人では何もできないロボット」、つまり「いつも他者を予定しつつ、他者から予定される存在」というこれまでにない考え方が出てきた。もっと人間に似せようとか、動きを滑らかにしようという足し算でのロボット設計に対し、引き算としてのデザインが生まれたのである。子どもたちに囲まれている「む〜」は楽しそうで、働き盛りの技術者の中では「む〜」らしさが出ないというのも面白い。

弱さの魅力を確認するために、弱者とされている障害児や高齢者のところへ「む〜」を連れていった。「む〜」がうまく答えられずグズグズしていると、子どもやお年寄りが「む〜」にやさしく、教えるように話しかけるようになる。そこにはゆっくりした時間が流れる。弱さが人の関心をひき、お互いをつなぎ合わせていくのである。

次に著者は「ゴミ箱ロボット」なるものを作る。自身はゴミが拾えず、子どもに拾ってもらおうとするロボットだ。引き算ロボットそのものである。ロボットを使ってコミュニケーションの研究をしようとしているうちに、いつのまにか、人間との間でコトを生み出すデバイスとしてのロボットが生まれてきた。「む〜」も「ゴミ箱ロボット」も可愛い。「弱い一人ではできない存在が生み出す関係づくりは、今の社会での大事な課題である。「弱いという希望、できないという可能性。」帯にはこんな言葉もある。

ガイ・ドイッチャー

# 言語が違えば、世界も違って見えるわけ

椋田直子訳　インターシフト　2012年

言語は思考に影響を与えるのだろうか。さまざまな言語に接することが多くなった昨今、このような問いを持つ方は少なくないだろう。私も、言語に関心を持つしろうととして一時期、「サピア＝ウォーフ仮説」を信じていた。北米先住民の言語調査を通し、言語によって思考・世界観が異なるという考えが出されたのだ。西欧中心の学界での相対論が魅力的だった。しかしその後、人間は生まれながらに普遍文法を持つというチョムスキーの生成文法論が登場し、彼らの仮説は言語が思考にとっての牢獄《ろうごく》であるという妄想によってある世代の人をだましたとまで言っている。

消えた。著者は、この仮説は実証性に欠け、言語が思考にとっての牢獄であるという妄想

ところで著者は、生成文法論に対しては、記憶、知覚、連想など思考の基底部分で言語は心に習慣を植えつけるという立場をとる。本書で紹介される脳神経科学や心理学の実験がそれを支持するからである。言語と思考の問題は複雑なので最初に大きな流れをまとめ、

そのうえで本書に従ってさまざまな考え方を追って行こう。

よく取り上げられるのが色である。ギリシャの詩人ホメロスは海を青でなく、ぶどう酒色やすみれ色としたという研究があり、そこからホメロスは盲目だったとか、ギリシャ以後色感が進化したなどの考え方が出された。しかし、ここから答は出ない。そこで始まったのが未開人の調査である。一八七八年、ベルリンに、スーダンから見世物として連れて来られたヌビア人には「青」を表わす言葉がなく、青い毛糸をある者は黒、ある者は緑と呼ぶことがわかった。その後いくつかの研究がなされた中で、一八九八年に人口四五〇人のマレー島を調査したリヴァースが、人類学のガリレオとなる。この島で最もはっきりしている色名は黒、白、赤であり、年寄りは青も黒と呼ぶ。しかし若者は、青を英語から借用したｂｕｌｕ－ｂｕｌｕという語で表わす。リヴァースは島民の色の識別能力を検査し、全島民が原色すべてを見分けることを明らかにした。この結果と若者の新しい言語への対応とから、色に関する語彙《ごい》は文化的なものと考えられることを示した。一方、多くの民族で色を表わす言葉は常に、黒、白、赤の順で表われるという事実も見出された。生物学的要因か文化的か。この間を揺れるさまざまな研究結果から「自然の制約と文化的要因のバランスに答を求めるべき」というのが著者の判断である。

近年の研究がそれを支持する。オーストラリアの先住民のグーグ・イミディル語では方角を左右前後でなく東西南北で表わす。北を向いて読書する人に「先を読め」と言いたい時は「もっと東へ行け」というほど徹底している。ところが彼らが英語を話す時は左右の概念を理解できる。私たちが空間的思考の基本構成要素と信じてきた概念などなくとも言語は成立すること、幼少期からの発話習慣が位置確認能力や記憶パターンに影響する心的習慣を形成することがわかったのである。この語は、言語学にこの成果を残し、今消えつつあるとのことだ。ちょっと悲しい。

次いで語彙の性の例がある。ドイツ語で男性の、スペイン語では女性の名詞は、ドイツでは強く、スペインでは優しいと受け止められる。母語が思考に影響する例である。色を区別する時の左右の脳の反応をＭＲＩで調べ、その違いから言語の影響を調べる実験も行なわれている。

新しい研究法によって、言語と文化、思考という課題が少しずつ解明されつつある。言語学者でなくともさまざまなテーマが考え出せそうで楽しい。

ジョン・ガードナー

# 世界の技術を支配するベル研究所の興亡

土方奈美訳　文藝春秋　2013年

ビル・ゲイツが「タイムマシンに乗ることがあったら、最初に降りるのは一九四七年一二月のベル研究所だ」と言った。この時この場でトランジスタの他、通信衛星、光ファイバーなど情報通信に関わる驚異的な発明が立て続けに生まれたからである。

米国政府公認の独占電話事業者AT&Tは一九〇〇年代初頭に「ユニバーサル・コネクティビティ」という壮大な構想を掲げた。その結果生まれた携帯電話やインターネットを日常としている私たちに、「われわれは今、ベル研究所と同じように、未来の経済の土台となるような科学的基礎を築いているだろうか。半世紀前の人々が困難に挑み、生み出したアイデアの配当で食いつないでいるだけではないだろうか」と問うために、著者はその業績を振り返る。

AT&Tが一九二五年発足させたこの研究所はノーベル賞受賞者を一三人も輩出し、イノベーションの手本となった。そこでの主役は技術者ではなく科学者だった。基礎から応用までの自由度を与えられた研究者が三〇〇人、その対象は「物理化学、有機化学、冶金《やきん》学、磁気学、電気伝導、放射、電子工学、音響学、音声学、光学、数学、力学、さらには生理学、心理学、気象学」とほぼ何でもありだ。ただし目標は「コミュニケーション」である。創業時に入所し最後までリーダーとして活躍したマービン・ケリーが「新しい現象の発見、新しい製品や製造技術の開発、新たな市場の創造をすべて融合させたものでなければイノベーションとは言えない」という基本姿勢を示す。

固体材料での増幅器への挑戦は、ゲルマニウムかシリコンかというところから始まり、小型で能力の高いトランジスタを完成していく一方、それに関わった一人ショックレーは、『半導体物理学』を著す。学問も作ったのだ。天才クロード・シャノンは、情報を「0」と「1」に置き換え、ノイズのある中で完璧に情報を送るには余分な情報を追加すればよいという衝撃的主張をした。トランジスタは他でも作れたかもしれないが、情報理論という一分野の創設と完成はシャノンにしかできなかったと言われている。

原子爆弾とトランジスタは三年のずれで生まれており、ベル研は軍に求められてレーダーも開発している。戦争は発明の母という事実など人間の負の面ももちろんここにはある。

それはともかく、情報社会の基本がすべて一研究所から生まれるという驚くべきことが起きたのだが、AT&Tは独占企業であるために特許取得は許されず、技術は模倣され、結局独占は崩れていった。しかも新しい「問題」はなかなか見つからず研究所は規模縮小することになる。「巨人の終焉《しゅうえん》」だ。もちろん、成果はグーグルやアップルに受け継がれている。しかしこれが真のイノベーションかという問いがある。「もはや企業にとり自由な研究に投資する合理性も必要性もなくなった」という分析もある。近視眼的経営で野心的研究が少ないのが今なのである。第二のベル研はあるかという問いに、著者はエネルギーや生物医学などであり得るかもしれないと言っているが、わからない。

「ベル研究所のスターたちには組織の本質が凝縮されている」。組織か個人かではなく、才能と個性ある個人あっての組織、その人たちが活躍できる環境をもつ組織あっての個人なのだ。イノベーションはかけ声とお金だけでは進まない。主要な研究者とその仕事、人間関係が詳述されているので、ここから何かを探せそうだ。

工藤雄一郎／国立歴史民俗博物館［編］

# ここまでわかった！
# 縄文人の植物利用

新泉社　2013年

縄文時代には、日本人の原点のイメージがありどこかなつかしい。日本の自然を生かして暮らすことの大切さが言われるようになった昨今、この時代への関心は以前に増して高いようだ。縄文時代とは、竪穴《たてあな》住居と土器の利用に始まり、稲作や金属器導入と共に終わった、一万六〇〇〇年前ごろから二五〇〇年前ごろまでをさす。この間人々は狩猟採集によって生活していたとするのが常識で、専門家も一九八〇年代以前はそう考えていた。ところが近年、植物については、採集に止《とど》まらず、育て、資源管理していたことがわかってきて縄文のイメージが変わってきた。

本書は、国立歴史民俗博物館が二〇一〇年から一二年にかけて行なった、考古学、植物学、民俗学、年代学の専門家による共同研究「植物考古学」の報告である。試料の写真や研究成果を示す図版の他に、後期中葉（約三七〇〇年前）の東京都下の下宅部《しもやけべ》遺跡の復元画がある。異分野の研究者の言葉は通用しにくいので視覚化して議論したということだが、おかげでしろうとにもよくわかりありがたい。

一九八〇年代から研究が急進展したのは、大規模開発に伴ない低湿地遺跡（東京、埼玉、栃木、福井、新潟、佐賀、青森など）が発掘され、水漬けで保存された有機物が多数手に入ったことによる。皮肉な話だが、試料の分析法など技術の発展もあって興味深い発見が続いている。まず結論を言うと、約一万年以上前の縄文時代草創期・早期といった古い段階に、ウルシやアサ、ヒョウタンなどの外来植物・栽培植物だけでなく、縄文人が野生種を管理・栽培することで次第に「栽培植物」とさせていったものが存在していたのである。しかもその利用法は、地域の生態系によって異なっている。

復元画にウルシ林がある。現在知られている最古の漆製品は函館の垣ノ島B遺跡から出土した九〇〇〇年前の装身具であり、ウルシ材は約一万二六〇〇年前のものが福井県から出ている。日本にウルシが自生していた証拠はなく、大陸からウルシと漆文化が来たと考えざるを得ないと研究者は考えている。これまでの常識とは異なり、この時代から文物の伝来があったことになるので、証拠固めが必要だが、興味深い。発掘品の漆の赤は美しく（ベンガラを用いていた）生活の豊かさを感じさせる。これだけの文化を持つからには、食の供給など生活はかなり安定していたのだろう。

そこで食を見てみよう。青森県の三内丸山遺跡の調査からクリ林を集落周辺に仕立てていたことがわかったという話はよく知られている。その他トチ、クルミなども含め、木の実の利用についての研究は縄文人の植物、生態系に関する知識の豊富さを教えてくれる。更に興味深いのがマメの栽培だ。二〇〇七年、土器の圧痕からダイズとアズキが見出され、弥生時代に大陸から伝わったとされてきたこれらが縄文人によって栽培されていたことがわかったのである。栽培が盛んになるにつれマメが大型化しており、石鍬《くわ》を用いた栽培の様子が描き出せる。一日はたらいた後はエダマメで一杯やっていたのかもしれない。

その他約七〇〇〇年前のものとされる「かご」の素材調査、アサの栽培や木材利用の方法の研究などが縄文時代の生活を身近に感じさせてくれる。現代を批判すると「縄文時代に戻る気か」と言う人がいるが、これほど賢い生活をイメージできずにばかにしている様子がうかがえる。縄文時代に戻ることはないが、そこから学ぶ必要はありそうだ。

ウィリアム・ソウルゼンバーグ

# ねずみに支配された島

野中香方子訳　文藝春秋　2014年

大洋に浮かぶ島は地球の陸地の五%にすぎないが、鳥類・哺乳類・爬虫《はちゅう》類に関しては、それぞれその二〇%がここで生まれている。一方、この三〇〇〇年間、鳥類・爬虫類の絶滅という悲劇の六三%は島が舞台だった。今も絶滅危惧種リストのほぼ半数は島の固有種である。島は最も多産であると同時に最も危険な場所でもあるのだ。

絶滅の最大の原因は侵入種である。人間が持ち込んだネズミ、ネコ、イタチ、ヤギ、ブタ、ウサギ、マングース、ヘビ、時にはアリまでが先住者を襲う。実は、かの有名なイースター島の崩壊にもネズミが関わっていたことがわかってきた。移住したポリネシア人が木が育つのを待たずに伐採したために森が消えたという従来の説に対し、人間と共に入ったネズミが種子を食べつくし森が消えたと考えた方がよさそうなのである。

ニュージーランドの島々の地面を歩くカカポ（オウムの仲間）やキウイなどが消えたのも

人間が持ち込んだ動物のせいである。一八六四年に猟の獲物として持ち込んだウサギがヒツジを襲った。そこでウサギ退治のためにイタチやオコジョを入れたのだが、彼らはすぐにウサギより地面を歩く鳥の方が獲《と》りやすいことに気づいた。

そこで九四年、政府は無人島に鳥たちを移し、ハンターでナチュラリストのリチャード・ヘンリーを番人にした。カカポは、卵の数は一回に一、二個、巣立ちまでに二ヵ月かかり、子育てはいかにも無防備なのである。そして九七年には、近くの島にイタチが現れた。さあ大変と鳥たちをまた別の島へ移すが、「それは休みなく攻めてくる敵に無力な抵抗をしつづけるという、精神を消耗するだけの仕事」になってしまった。一九〇二年初め、ヘンリーは辞職する。

一九七〇年代、カカポ移動が再開されたが、「カカポたちが求めていたのは、念入りな世話ではなく、生きるための場所」だった。これは絶滅の危機にある動物すべてに言える。そこで、島の侵入者、とくにネズミ全滅作戦が始まった。用いられたのは抗血液凝固剤である。これを入れた餌を食べたネズミは失血死する。ネズミ社会では、大きなオスが大胆さと注意深さのバランスがとれた個体として親分になり、その嗅覚テストを通過した情報が仲間に伝わる。これを利用して、ニュージーランド南島の島ブレークシーで、ネズミ絶滅作戦が成功した。八八年のことである。

一方アリューシャン列島に、一七八〇年日本の漁船からの数匹のネズミ上陸がきっかけで、その後「ラット島」と呼ばれることになった島がある。ここでもニュージーランドと同じ作戦がとられ、二〇一〇年にネズミの絶滅が確かめられた。

この作戦は順風満帆ではない。薬剤を食べたネズミを獲ったワシが死ぬなど他の生物への影響や自然保護仲間からの動物を死に追いやる行為への疑問もあった。薬剤をまいた地域に解毒剤を置く人々もいた。正解は何か、難問である。

ここで思うのは、地球も島だということである。人間が貿易により「雑草、病気、害虫も運び、さらに多くの場違いな哺乳動物を各地にばらまき、それらが爆発的に数をふやしている」のだ。そこで、「本当は、わたしたち人間が悪いのだ」というところに戻らざるを得ない。悩み抜いた自然保護団体創設者は「動物たちは人道的に扱われなければならない。命を奪う瞬間まで」と当面の答を出す。最もよい答は何で、何をしたらよいのか。わからない。

川田順造

# 〈運ぶヒト〉の人類学

岩波新書　2014年

アフリカで誕生した私たちの先祖である新人（ホモ・サピエンス）が、世界中に拡《ひろ》がって暮らすようになったのは「アフリカを出るとき、立って歩き、自由になった両手も使って、最低限のものだったにせよ、新しい土地で生きてゆくのに必要な道具を、運ぶことができたからだ」と著者は言う。そしてこれまで、作るヒト（ホモ・ファベル）、遊ぶヒト（ホモ・ルーデンス）など、人間の特徴をつかみ取ってつけられてきた綽名《あだな》にならい、運ぶヒト（ホモ・ポルターンス）を提案する。

直立二足歩行を始めたヒトが、大きな脳、分節された発声が可能な声帯（これで言葉が話せる）、自由な前肢を持つことによって、多様な生物の中でただ一種、文明を持つことになったことはよく知られている。自由になった手でさまざまなものを作ったことがそこにつながったとは誰もが考えるが、同じ手による「運ぶ」という行為の意味はこれまであまり議論して来なかったように思う。指摘されてみればなんとも興味深い切り口である。

人類学者である著者は、六〇年の長きにわたって日本、西アフリカ、フランスの三地域を往来し、三つの文化を比較してきた。ある文化を他の二つとの関係で見ることで自身の属する文化にもとづく主観を相対化できるこの方法を「文化の三角測量」と呼ぶ。

まず、各文化特有の考え方や自然条件を見た後、文化に条件づけられた身体の使い方、つまり「身体技法」としての運び方を比べる。長期にわたって撮りためたさまざまな写真と身体技法の効用と意味を整理した図とから、このテーマの面白さが見える。運搬に直接関わる身体部位は、頭頂部、前頭部、肩、肩から背の上部、腰、前腕などである。日常自分が物を運ぶ時、体のどこをどう使っているかを確かめながら身体と道具の関係を考えると楽しい。

西アフリカの黒人、フランスを中心とする地域の白人、日本人を含む黄人という形で捉えた三者の特徴を見ていく。黒人は四肢が長く骨盤が前傾しているために、深前屈、背をもたせかけない投げ脚が容易であり、頭上運搬が得意だ。荷物を頭に乗せ、上半身を直立して膝を伸ばし、外股でスタスタ歩く。一方、白人は立位と高座位の慣用で蹲踞《そんきょ》は困難、重心の高い背負い具を用い、籠を腕にかけたり腰で支えたりする。黄人は前頭帯による背負いでの運搬が多い。

つまり、黒人は運搬具をほとんど必要とせず「人体の道具化」をしている。一方、白人の運搬具は多様で、特定の目的をもつ。「道具の脱人間化」である。それに対し、黄人とくに日本人には、道具を巧みに使いこなす「道具の人間化」が見られる。その好例が棒を用いた運搬である。白人は、肩あてをつけた両肩に固い棒を渡し二つの壺《つぼ》を下げる。一方、日本の天秤《てんびん》棒は、しなやかな木を用い、肩と腕だけでなく腰を使い、棒を体の一部にしている。

道具の脱人間化は、誰がやっても同じ結果が得られるような工夫であり、人力を省き、家畜、水、風などのエネルギーを利用して大きな結果を得ようとする。現代の技術はまさにこれであり、それを進歩と呼んできた。しかし日本人としては、道具を人間化し、技を磨くやり方を評価したい。

「自分自身の身体を使って、身の丈に合ったものを選ぶという、ヒトの原点にあったはずのつつましさを思い出すこと」で、知恵あるヒトとして他の生きものたちと共に生きてゆく道を探るのがこれからだろう。

石 弘之

# 感染症の世界史

## 人類と病気の果てしない戦い

洋泉社　2014年

二〇一四年末、年明け初めての書評について考えているところへ、ニワトリに鳥インフルエンザ感染のニュースがラジオから流れてきた。これまでの体験に基づいて、渡り鳥からの感染を防ごうと、養鶏業者は鶏舎を消毒し、外部から異物が入らないような対策をとっていたというのに、また何万羽ものニワトリが処分されることになってしまった。見えない敵との闘いは鳥だけの問題ではない。二〇一四年は、エボラ出血熱という新興の感染症が西アフリカから流行し始めた。更に、熱帯の病気と思っていたデング熱が東京の代々木公園で発生し、感染媒体とされるヒトスジシマカ退治のために殺虫剤がまかれるという騒ぎもあった。

抗生物質などの薬品、ワクチン、公衆衛生の進展によって、感染症は抑え込めると思ってきたが、新たな感染症との闘いを意識しなければならない状況になってきたようだ。エボラ出血熱の自然宿主《しゅくしゅ》は熱帯林のオオコウモリであり、そこから霊長類などに感染し、ヒトへと移ったとされる。「森林破壊によって本来の生息地を追われた動物たちが人里に押し出されて病原体を拡散させるようになった」と研究者は指摘する。シエラレオネは国土のほとんどが熱帯林だったのに、今はそれが四%とのことである。デング熱ウイルスの起源は不明だが、この半世紀で世界に広まった理由は、人口爆発と温暖化と言われている。ヒトスジシマカの越冬を許す年平均気温セ氏一一度以上は青森県にまで広がった。しかも蚊は、飛行機でも運ばれる。

新興感染症は、近代化、環境の変化（人為的な部分が大きい）と深く関わっているのである。もっとも環境変化と感染症の関わりは現代のみではないと、著者は二〇万年の人類の歴史を感染症という切り口で描く。「ピロリ菌」「エイズ」「パピローマ・ウイルス」「インフルエンザ」「ハシカ」「水痘」「成人T細胞白血病」「結核」を例に、病原体（細菌、ウイルス、寄生虫など）が生きものとして宿主と闘い、時には共存して生きのびてきた歴史が克明に語られる。最近ではウイルスゲノムが宿主のゲノム内に入り込むことで進化に関わることまでわかってきた。生きものの世界は複雑だ。

実は、日本の感染症対策には弱点がある。たとえば、ハシカに対し、日本人はなぜか危機意識が低い。二〇〇八年米国でのリトルリーグ・ワールドシリーズに参加した日本人の少年が発症したハシカが周囲の人に感染し、すでに排除宣言を出していた米国で騒ぎになった。風疹も同じで、感染症はもう怖くないという風潮を変え、ワクチン接種による排除への意識を他の先進国並みにする必要がある。世界は狭くなっているのだから。

鳥インフルエンザもエボラ出血熱もウイルスの変異があり、ワクチンなどによる対処が難しい。とくにエボラウイルスは変異が速く、鳥インフルエンザウイルスの一〇〇倍という恐ろしい値が出ており、空気感染するウイルスが出る危険性もあるとされている。「現在のところ、感染者を隔離するか、逃げ出すしか対策がない」という状態をなんとかしたいものである。

今後注目すべきは、中国とアフリカだと著者は指摘する。中国は家畜と人が近くに暮らす習慣があり、一三億四〇〇〇万人という人口が国内外を移動している。一方アフリカは、人類発祥の地であると同時に多くの感染症の生まれ故郷でもある。しかも、近年の開発で、熱帯林から病原体が外へ出ている。第二、第三のエボラ出血熱を想定し、改めて感染症に向き合おうという著者の指摘に耳を貸そう。

ヴォーンダ・ミショー・ネルソン

# ハーレムの闘う本屋

## ルイス・ミショーの生涯

原田勝訳　あすなろ書房　2015年

ニューヨークのハーレムにあった黒人に関する本だけを扱う書店の店主、ルイス・ミショーの話である。一九歳に始まり、亡くなるまでを本人や周囲の人の言葉で悉《ことごと》く描き出しているのだが伝記ではない。著者は、主人公の弟の孫であり、職業は司書。大伯父と彼の書店とに興味を抱き、図書館で資料を探し出す。更に親族の記録を調べ、ルイスと面識のあった人々にインタビューする。ただし事実確認できなかった空白は、推測や自身の思いで埋めており、ボストングローブ・ホーンブック賞（二〇一二年）をフィクション部門で受賞している。

ルイスの父ジョンは魚の行商から身を起こし、生鮮食料品店やバーを持つまでになった。一八九五年その家の次男として生まれたルイスは、「かしこい黒人」と言われながら育つ。自立して生きる能力を持つということだ。父の店を手伝いながら「白人のために働いてぼろぼろになったりしない。頭を使い、自分の足で立ってみせる」と思っている。『ニグロ・ワールド』という黒人が自分たちの共同体を作るべきだと主張する新聞を読み、自立をめざし、二七歳の時家を出る。父の店の金を持って。実は子どもの頃からちょっとワルで、盗みなどもしたのだが、黒人ゆえの差別への抵抗の気持があってのことだ。

一方一九歳年上の兄ライトフットは牧師になり、「全米黒人地位向上記念事業」と名付けた農園事業を始める。そのためにハーレムに事務所を作り、そこにルイスを呼ぶ。そこで彼は考える。これはまさに共同体だが、ここにいる黒人たちは自分の歴史を知らない。彼らは本を読むべきなのだと。そして、黒人のために黒人が書いた本を売る本屋を始めようと決める。「わたしは、『いわゆるニグロ』ではない。『いわゆる』とつけたのは、ニグロは物であって、人間ではないからだ。(中略)使われ、虐げられ、責められ、拒まれる『物』なのだ」。強烈な言葉で語られる決心。そして五冊の本で「ナショナル・メモリアル・アフリカン・ブックストア」を始める。四四歳の時である。商品を通りへ出して、「本を読まなきゃ、だまされる!」と呼びかけても、日に一ドルになればよいという日々を経て、開店後五年ほどの写真には、たくさんの本が並ぶ書店で店員と共に笑うルイスがいる。戦地の兵士に本を送る身内がふえているとある。

差別への抵抗ゆえに、FBIに「同書店のブラック・ナショナリストの活動拠点としての利用の有無を調査すべき」とされる。事実マルコムXは顧客であり、店頭で演説をしている写真がある。一九六五年の彼の殺害をルイスは深く悲しんだ。ただ、ルイ・アームストロングやラングストン・ヒューズなども顧客であり、「黒人として誇りを持って生きること」を求めての交流だったのだろう。

ＦＢＩの調査結果は白だったのだが、ロックフェラーが州知事をやめたことがきっかけで、州政府が退去命令を出した。二二万五〇〇〇冊以上になっている在庫をどうするか。七九歳のルイスは閉店を決意し、特別セールを開く。そして八一歳でがんで逝くのである。「みんな、わたしのことを教授《プロフェッサー》と呼ぶので、わたしはこう答えることにしている。『そのとおり。わたしは、やると公言《プロフェス》したことは、やってきた』」

ニグロから黒人へ。一人の人間の信念、そして本が大きな変化をもたらしたのである。ちょっとワルのところにも惹かれる。「知識こそ力」という発想は、改めて今私たちの中で大事になっていることである。

服部英二［編著］

# 未来世代の権利

## 地球倫理の先覚者、J-Y・クストー

藤原書店　2015年

J-Y・クストーと言えばスキューバを発明した海洋探検家映画「沈黙の世界」に代表される海中の映像が浮かんでくる。三八億年という長い生きものの歴史物語の大半（四・五億年前まで）は海の中で紡ぎ出されたものであり、クストーが海の生きものたちへの眼をひらいたことの意義は大きい。しかし、本書の主題は海洋の探検そのものではなく、そこから見えてきた地球への意識を基本に置いたクストーのこれまであまり知られていない活動である。

活動は多岐にわたるが、象徴的な二つを紹介する。ユネスコから出た「未来世代に対する現存世代の責任宣言」（一九九七年）と「文化の多様性に関する世界宣言」（二〇〇一年）である。編著者は、ユネスコ事務局長顧問としてこの二つに関わり合っている。一九九五年、ユネスコ創立五〇周年記念シンポジウムのために来日したクストーが、マイヨール事務局長との懇談を要請し、編著者がその場を用意した。それが「未来世代の権利のための

国際評議会」の創設に、そして先の宣言につながったのである。また、このシンポジウムでクストーが語った「南極のように生物種の数が少ないところでは生態系は脆《もろ》い。赤道直下のように種の数が多いところでは生態系は強い。そしてこの法則は文化にも当てはまる」という言葉が二〇〇一年の宣言を生んだのである。これは「世界人権宣言に次いで重要な宣言」と評価されているという。これがユネスコ総会で満場一致で採決されたのが二〇〇一年一一月、九月一一日の事件の直後であるのも印象的だ（この時の事務局長は松浦晃一郎氏）。クストーは一九九七年に亡くなっているので、これは彼の遺言とも言える。

本書には、行動から生まれた思索の人クストーの講演、インタビュー、『人、蛸《たこ》そして蘭《らん》』という晩年の聞き書き（自伝にあたる）の抄録が集められ、二つの宣言につながる彼の考えが示されている。国連機関では、宗教だけでなく人口、人権、開発という言葉への批判はタブーとされていると編著者は感じてきたという。環境問題を語る時もこれを避けている。クストーはここに真っ向から切り込み、人口爆発、環境破壊、共同体の危機など自らの体験をもとに問題点を鋭く指摘していく。

エピソードを二つ取り上げよう。一九五九年、クストーの博物館で国際原子力機関の学者たちの会議があった。原子力科学にむしろ期待をしながら話を聞いていたところ、ある海洋生物学者が海は廃棄物の自然の集積所だと語ったので驚いた。また、一九六五年、ソ連の科学アカデミー会長が会食の席で、科学アカデミーが政府に対し、核爆弾の実験はソ連邦内の五万人の児童のいのちを奪うことになるだろうと警告したところ、「実験をやらなかったらもっと多くのいのちが失われるだろう」という答が返ってきたと話した。この時会長は、デザートのシャーベットに涙をこぼしたとある。

半世紀ほど前の話だが今に通じる。以来核への反対を続けたクストーが周囲から言われたのが、現実主義になれということだった。でも現実って何なのだろう。こう問いたい。

近年世界遺産の指定に関連し、ユネスコの名前をよく聞くが、観光名所づくりへの関心からだけでその活動を見ていてはいけない。グローバル時代とは、国際機関で皆が話し合い、考え合う時のはずである。一日海を眺めていることも多かったというクストー、私たちも自然の中で未来世代の権利を考え、クストーのように行動したい。

中川 毅

# 時を刻む湖

## 7万枚の地層に挑んだ科学者たち

岩波科学ライブラリー　2015年

とてもとても地味な研究の話である。科学の進展にはさまざまな側面がある。最も華やかなのは新しい物質や現象の発見だろう。宇宙に存在する暗黒物質や暗黒エネルギーの発見、iPS細胞の開発などがあげられる。一方、本書で扱われるのは正確さの追究である。わかりやすい例に長さがある。一八世紀末メートル法の制定時には一メートルは北極点から赤道までの子午線弧長の一〇〇〇万分の一とされた。しかしこれは正確でない。一八八八年にはメートル原器（白金主体）が作られ、一九八三年以降は、光速とセシウム原子の振動数とで決められている。これで誤差が一〇〇〇万分の一ミリメートルになり、科学の進歩を支えた。

本書での追求は、正確な地質年代を示す時計探しである。数千年から数万年という時間測定の時計として用いられるのは、炭素の放射性同位体、炭素14（$^{14}$C）である。植物は光合成で大気中の$^{14}$Cを取り込むが、死後はこれが崩壊していく。$^{14}$Cの半減期は五七三〇年なので、これを用いて四万年ほどの時が刻めることになる。幸い樹木の年輪を用いてキャリブレーション（較正）すれば、正確な値になる。ところがこれには上限がある。現在最長の年輪記録は、ドイツとスイスの山丘地帯の埋もれ木なのだが、最長で一万二五五〇年なのだ。ここで氷河期に入るからである。それ以前を知るためにサンゴなども用いられたが決定打とはならず、そこに登場したのが海底や湖底の堆積物《たいせき》である。

最初に地味と書いたが、実は本書は、二〇一二年一〇月一八日に東京で行なわれた米国科学振興協会（有名科学誌『サイエンス』の発行元）の記者会見から始まる。翌日発行の『サイエンス』誌に掲載される論文の内容発表であり、新聞には「福井の湖　考古学の標準時に　過去五万年　誤差は一七〇年」（朝日新聞）と大きく書かれた。この湖が水月湖《すいげつこ》であり、日欧チームが協力して世界一精密な五万年もの時間を測る時計をここで見出したのである。『サイエンス』誌の日本での記者会見は初めてであり、「レイク・スイゲツ」は突如有名になった。ここだけ見るとかなり派手な話だが、ここに至るまでの道は地味そのもの、しかし研究の本質を思わせるところが多いので、その物語をじっくり読んでほしい。

若狭湾岸にある水月湖は、流入する河川がなく、水深三〇メートル以上と深いので、静かな堆積物が期待できる。堆積物から過去の環境変化を追跡していた環境考古学の提唱者安田喜憲《よしのり》の提案でパイプを下ろしたところ、七五メートルの試料にみごとな年縞《ねんこう》が見えた。一九九三年のことである。縞《しま》は季節による堆積物の違いによってできるのだが、水月湖は七万年分もの美しい縞を残していた。後は、縞を数え、各縞に存在する葉の$^{14}C$を測定するだけだ。ところで、ここが言うは易《やす》く行なうは難いところであり、五年かけて苦労の末一九九八年に四万五〇〇〇年分のデータを出したのだが、これが世界の標準としては採用されないという結果になる。

ここで日本側が、年縞研究の歴史のある英・独との共同研究をもちかけ、英国の資金による水月湖プロジェクトが始まる。独と英の若い研究者が黙々と分析を続け、二〇一一年やっと縞による層年代と$^{14}C$年代が手に入った。そこにある誤差には、キャリブレーションモデルを用い、二〇一二年の標準ができた。そして最初の記者会見である。

日本の湖が標準というのも嬉しいし、その間のさまざまな国の研究者の誠実なやりとりも清々《すがすが》しく、基礎研究の好例として紹介した次第である。

樋野興夫

# がん哲学外来へようこそ

新潮新書　2016年

「白衣も聴診器も身に着けていません。パソコンも、ノートも、ペンも持ちません。テーブルの上にはお茶だけ。それは、ここが対話の場だからです。私自身がひとつ心がけているのは『暇《ひま》げな風貌』です」。この「私」は、長い間がんの診断と研究に携わってきた病理医である。がん手術で切り取られた臓器や、がんで亡くなった方の遺体の臓器を顕微鏡で見てがんの実態を調べるのが病理学。時には手術の最中に切り取られた臓器の一部についての判断をする迅速診断もある忙しい仕事だ。そのような仕事をしてきた著者が、「お茶を前に暇げに坐《すわ》る」ようになったのにはきっかけがあった。

アスベストが原因で起きる中皮腫や肺がんが、それを扱う企業で多発していることが明らかになったのが二〇〇五年。優れた鉱物繊維としてなじみ深いアスベストの危険性を知り驚いたことを思い出す。すばらしい冷却剤や洗浄剤として用いられてきたフロンが地球環境問題を起こすなど、技術はいつも複雑なものだ。横道にそれたが、中皮腫の早期血液診断の方法を開発していた著者はこのニュースに関心を持つと同時に中皮腫の外来が存在しないことに気づく。そこで、「アスベスト・中皮腫外来」を職場である順天堂医院に置くことを提案し、患者と接するようになるのである。

この体験から、医師にとって最も大事なのは患者との対話であることに気づき、「がん哲学外来」を提案した。実はこのネーミング、仲間からは最初総スカンだったが、開設してみると予約の電話が殺到し、全国から相談者が訪れることになった。病院と約束した試行期間の三ヵ月が過ぎても待機者が五〇組という状態、そこで近くの喫茶店で無料の相談を始め、最初の引用文のようになったのである。著者はもちろん医師だが、セカンドオピニオンを与えることなどはせず、「全神経を集中させて相手の話を聞き」、みずからの存在をかけて「ことばの処方箋」を出すことを自らの役割ときめた。哲学外来と呼ぶ所以《ゆえん》である。〝相当なお節介だが、「よけい」ではなく「偉大なる」お節介をしているのだ〟と、ここは自信を持って言う。膀胱《ぼうこう》がんの手術後休職中の男性が、奥さんに不安を語ることもできない悩みを語り始める。ここで著者は、趣味は何ですかと聞き、とにかく外へ出ましょうよとのんびり話す。長い時間をかけてのこんな言葉のやりとりの後、「立ち入った話をしておいてよかった」とホッとする相談者の様子を想像しながら、確かによいお節介だなと思う。相手にとって大切なことは何かを考えているからである。

がんには悩みがつきものであり、そこで悩むことは人生を豊かにすると著者は言う。それなのにお節介をするのは、その悩みが治療を妨げていることが少なくないからだ。医師としては、がんは治療でしか消えないと明言できるのに怪しげな情報が多過ぎ、セカンドオピニオンを求めてのハシゴを続けて治療が遅れることも少なくない。治療の邪魔を除きたい。そのためには時間をかけての対話しかないと考えての哲学外来なのである。

医療が科学技術化して人間味が薄れていることは確かに問題だが、医師としての著者は医師には客観性が必要であり、確かな技術がよい医師の第一条件と言う。患者と医師の間には一人分ほどの隙間《すきま》があるのが普通であり、そこに哲学外来が入るのだという考え方は納得できる。隙間を埋めるのは必ずしも医師である必要はなく、相手のために自分の時間を使う気持が大切であるという指摘は、医療以外にも通じる話である。

スティーブン・ジョンソン

# 世界をつくった6つの革命の物語
## 新・人類進化史

大田直子訳　朝日新聞出版　2016年

あちらでもこちらでもイノベーション、それ抜きで未来を語ってはいけない雰囲気だが、かけ声ばかりで実態が見えない気もする。本書は、「ガラス」「冷たさ」「音」「清潔」「時間」「光」という生活を大きく変えた六つのテーマを巡る発明の歴史物語であり、イノベーションとは何かを教えてくれる。

まず、エジソン登場の「光」を見よう。一〇万年以上前に火を使い始めた人類はこれを明かりとした。ロウソクである。ミツロウは高価で、庶民が用いた獣脂ロウソクは、煙が多く嫌な臭いがした。一八世紀初頭、強風で流された船がマッコウクジラに出会い、巨大な頭部に大量の油を見つけた。この油は、明るく白い光を放つところから重宝され、一世紀で三〇万頭のマッコウクジラが殺され、このままいけば恐らく絶滅しただろう。

一九世紀後半にはロウソクの二〇倍明るい石油ランプが生まれ、新聞、雑誌が急増した。一八〇〇年に用いられていたロウソクの場合、一時間の賃金で一〇分間の光しか買えなかったが、一八八〇年の石油ランプなら三時間の読書ができた。因《ちな》みに現在は同じ賃金で三〇〇〇日分の光が買える。

このような現在を生んだ電球こそイノベーションのネットワークモデルであると著者は言う。エジソンの発明は一八七九年だが、一九世紀初め以降電球を考えた人は二〇人を超す。市場に出したのがエジソン、彼はマーケティングと宣伝の達人だったのだ。著者はこれをスティーブ・ジョブズのＭＰ３プレーヤーになぞらえる。もっとも炭化竹フィラメントを用いることを考えたのはエジソンであり、世界中に送った使者が日本と中国で強い竹を見つけた。専門分野も国籍も多様なチームをクリエイティブにしたのが彼なのである。

著者は言う。イノベーションが新技術をゼロから発明する天才の作業なら特許保護の強化につながるが、それが協調のネットワークから生まれるのなら別の政策があると。説得力がある。光のテクノロジーはフラッシュ撮影、ネオン、レーザー光へと続き、人工太陽への挑戦もある。実は、レーザー技術は社会の要求から生まれたのではなく、史上初めて読みとられたバーコードは米国オハイオ州のスーパーマーケットでチューインガムのものだったとのことだ。イノベーションの始まりはこういうもののようだ。

他の五つのテーマも興味深い。たとえば「ガラス」。一万年前リビアの砂漠で旅人が大きなかけらにつまずいたところから話は始まる。シリカを溶かしてこれをつくる技術が生まれた中での改革は透明化、それに次ぐレンズの開発である。眼鏡の需要が急増したのは印刷技術のおかげ、識字能力が上がる中、顕微鏡、望遠鏡が生まれる歴史は興味深い。ここからテレビ、インターネットへとガラスは活躍する。鏡の歴史も面白い。二〇一三年になって、リビアの砂漠にあったガラスは彗星《すいせい》の核だったという分析が出された。

著者はここから、「ハチドリ効果」と「ロングズーム」という考えを出す。花と昆虫の共進化でき上がった花粉運びのシステムに、思いがけず骨格構造上難しいホバリング能力を手にしてこれに参加するハチドリが登場した。もちろんこの変化が起きるまでには長い時間が必要だった。アイデアとイノベーションの歴史も同じであり、「冷たさ」の項では空調の発明によって高温地域への移住が可能になり、世界が変化したことを示す。ウェブ技術はどんな社会につながるか。どんなハチドリ効果が起きるか。イノベーションは狭い視野、短期の効果で考えるものではないようだ。

唐戸俊一郎

# 地球はなぜ「水の惑星」なのか

## 水の「起源・分布・循環」から読み解く地球史

講談社　2017 年

地球儀を見ると全体の七〇％は海であり、海があったからこそ生きものが存在するのだとされている。もっとも生きものがいつ、どこで、どのようにして誕生したのかはまだ解明されていないのだが、恐らく地球の海で生まれたのだろうと思う。そして、地球は水の惑星であると言われれば海を思い浮かべ、その通りと思ってきた。

ところで本書は、地球内部は質量にして海水の五〇〇倍近くあり、そこには海よりはるかに多量の水があるだけでなく、それが海水と密接な関係をもつことがわかってきたという新しい視点を示す。具体的には、最近地震との関連でよく知られるようになったプレートテクトニクスによって水が内部と表面を循環しているのである。今のところ生きものとプレートテクトニクスが見られるのは地球だけであり、そこに地球のユニークさがあると言える。「水の惑星」とはこのような意味なのである。

そこで、地球の水はどこから来て、どのように分布し、循環しているかを知ることが地球の基本を知ることになる。とはいえ、深部の水の試料はわずかしか入手できず、モデルをつくってその妥当性を検討していくことになるわけで、決定的な答を得るのはまだまだ難しい。ただ、学問というものはこのような状態の時が最も面白いとも言えるのではなかろうか。若い人にこの新しい分野の醍醐《だいご》味《み》を伝えたいという気持いっぱいの著者の誘いに乗り、若くはない私も研究の現状を楽しんだ。

まず、惑星形成時の水はどこから来たのかという問いがある。太陽系では、原始太陽系星雲の気体が凝縮して固体ができるのだが、太陽に近い星は高温なので凝縮物は鉱物や鉄となる。一方、遠い星は低温なので水が凝縮し氷になる。氷ができる領域とできない領域の境界をスノーラインと名付けたのは、京大教授であった故林忠四郎であり、それは小惑星帯のやや内側にある。そこで、スノーラインより内側にあって鉱物などでできている地球の水がどこから来たかというのは面倒な問いになるわけである。これまでは、惑星形成時の軌道のずれなどで、外側にある水に富む物質をとり込むなど、スノーラインの外に起源を求める考えが強かった。しかし、海水量は地球の質量の〇・〇二三％と少ないので、地球の凝縮物にその程度の水が含まれていることも考えられなくはない。近年、宇宙塵《じん》の多くが水などを溶かしこめるアモルファス物質であることがわかってきた。しかも、マントルの上部と下部の間の遷移層が、水の貯蔵庫になっており、全体で海水の数倍の水があるのだ。この水は外から来たとは考えにくいので、アモルファスが可能性の高い候補となる。

ここでプレートテクトニクスの登場である。太陽系の他の惑星にこの現象の証拠はない。プレートは海洋底にある冷たくて堅い表面物質であり、ほとんど変形しないのだが、ある条件の時だけ局所的に変形する。マントルに対して表面が少し堅い状態で対流が起きるとプレートが巻きこまれるのだ。こうして水が動くのが地球なのである。

水の惑星という言葉には、海の存在を超えた深い意味があり、今後の研究でその意味は更に深くなるだろうと思わせる。地球表面と内部の水のバランスがうまくとられ、地球の表面がすべて海になることも、海がなくなってしまうこともないようになっているのだ。地球はなんとうまくできた星なのだろうと思う。逆に言うなら、そのような星でなければ、なんとうまくと感心する私たち人間も存在しなかったということだろう。

ロブ・ダン

# 世界からバナナがなくなるまえに

## 食料危機に立ち向かう科学者たち

高橋洋訳　青土社　2017年

原題は「旬も考えずに、欲しい時に欲しいものを食べる今の暮らしをしていたら、食糧の供給は危なくなり、私たちの未来は危うい」だ。

今私たちは、一見豊かな食生活を楽しんでいる。太平洋戦争の末期から敗戦後の食糧難を知っている者には夢のようである。

けれどもこれは本当に夢なのか。私たちは賢い農業を行ない、賢い食べ方をしているかと本書は問う。機械化し、化学肥料、殺虫剤、除草剤を用いて資本を集中し、遺伝的に均質で多様性のない作物を大規模栽培する農業は危機にあると著者は言う。

このような警告は目新しいものではないが、本書の特徴は、バナナ、ジャガイモ、キャッサバ、カカオ、コムギ、ゴムノキという重要作物の危機を具体的に語り、とくに科学との関わりを歴史を踏まえて解説していることである。作物の種子の収集、野生の自然の必要性、作物と病原体や害虫との関係の研究、更には今私たち市民ができることなど多面的で総合的な視点が示されている。

まず本当かと驚いたのが、「チョコレートテロ」である。ブラジル最大（世界最大でもある）のカカオプランテーションの一つに天狗巣病《てんぐす》が広がる。菌類に侵され腫瘍ができた木が死ぬ時に無数の胞子をばらまくのだ。菌の同定をしたカカオ農園プラン実行委員会（CEPLAC）の指示で一〇万本近い木が切られた。

ところが、病気は更に広がった。委員会はすべての農園の木を切り、委員会指定の新品種の接ぎ木を求めた。一九八九年のことである。しかし、収量の問題などからうまく受け入れられず、世界第二位のチョコレート生産国だったブラジルは今や純輸入国になっている。農園の崩壊は、二〇万人の職を奪い、犯罪や自殺者をふやした。

二〇〇六年、驚くべき告白がなされた。農園主に敵対する左派CEPLACの技師が農園崩壊を画策し、感染した枝を農園沿道の木にロープで結んだというのである。翌年裁判で事実が確認されたが、すでに農業テロの時効である八年を過ぎていた。

害虫や病原体の多くは研究されていない。著者は、米国で問題になりそうな種は二〇〇〇種はあるだろうが、「現行のリストには二〇種が記載されているにすぎない」と指摘している（日本も同じだろう）。農業テロが起き、原因解明が難しかったらどうなるか。恐ろしい。

一九世紀にジャガイモ疫病菌が急速に広がったアイルランドに始まるヨーロッパ北部の飢饉《ききん》は有名だ。この教訓が生かされているかというと否である。新たな害虫や病原体が主要作物を脅かす危険はむしろ増え、しかも直近の一〇年間急速に高まっているというのである。栽培作物とそれの共生生物、花粉媒介者、害虫、病原体の一覧作成という野心的プロジェクトが必要であり、また科学としては可能であるのに実行の気配はない。宇宙開発や脳研究以上に大きな影響をもつはずなのにである。

考えるべき方向は多様性の維持だが、そのための種子バンクを巡っても悲しい歴史がある。ロシアのヴァヴィロフは、「作物の起源の中心地の農民ほど育種を長く続け多様な種をもつ」という理論を立てて一九三五年までに一五万種を超す作物と近縁野生種を収集した。しかし、スターリン体制下、ルイセンコに反抗して収監、一九四三年、飢餓と壊血病で亡くなる。「作物の多様性のために史上もっとも果敢に闘い続けてきた一人の男が、その不足のために死んだのである」。幸い種子はドイツ軍の包囲戦を生き残った。

今も悲劇がある。イラクにあったメソポタミアの歴史をもつみごとな種子バンクは、アメリカの侵攻後、シリアの国際乾燥地農業研究センターに収納された。ここはアフガニスタンに種子を送るなど活躍している。しかし年間資金はイラク戦の費用二週間分の一〇分の一と少なく、体制は悪化するばかりだ。ＩＳ（過激派組織「イスラム国」）に食糧を提供すれば仕事の邪魔をしないと言われてホッとする中、ロシアの爆弾が近くに落ちる日々である。

現在、ノルウェーのツンドラの下に世界に破局が来ても残るようつくられた「スヴァールバル世界種子貯蔵庫」がある。がんに侵された米国の若者ファウラーの夢がゲイツ財団の五〇〇〇万ドル援助で実現したもので「ドゥームズデイ貯蔵庫」とも呼ばれ、一〇〇万種に近い種子が保管されている。すばらしい。もっとも、これが生かされることのないように暮らしていくのが、私たちに求められていることなのだが。

作物、害虫などのあらゆる情報をもつサイト「プラントヴィレッジ」の構築は未来を感じさせる朗報である。有効に動かす難しさはあるが、すべての人からのデータ提供を求めて意欲的に進められている。一〇億人（世界中の農民）を対象に携帯電話を活用したシステムで専門家と農民をつないでいるのである。もしあなたが庭に作物を植え、成長を観察し、害虫の報告をするなら食べものの未来に貢献できることになる。科学のありようとしても興味深い挑戦である。

# 第3章
# こころ

Reading my heart

鴨 長明

# 方丈記

浅見和彦［校訂・訳］　ちくま学芸文庫　2011年

「ゆく河のながれは絶えずして、しかも、もとの水にあらず。よどみに浮かぶうたかたは、かつ消え、かつむすびて、久しくとどまりたるためしなし。世の中にある人と栖《すみか》と、またかくのごとし。」

高校の古文の時間に、この美しい書き出しは中世の特徴である無常観の表現と教えられたまま時は過ぎた。それがなぜか、東日本大震災後しばらく思考停止となり、積極的な読み書きができない中で、「方丈記」という文字に惹《ひ》かれたのである。読んで予想との違いに驚いた。みごとな「災害ルポルタージュ」であり、今何を考え、何をしたらよいかへの示唆が次々出てくるのだ。たった二〇ページの中に。解説に「災害を正面から取り上げた日本で最初の記録」とある。

長明が二三歳からの九年間（一一七七―八五年）に大火、辻風、福原遷都、飢饉《ききん》、大地震と天災人災合わせての事件が続いた。今と似ている。安元の大火を見よう。「風にたえず、吹き切られたる焔《ほのほ》、飛ぶが如くして、一、二町を越えつつ移りゆく。その中の人、うつし心あらむや。」火元の樋口富の小路から末広に燃え広がり、京の三分の一を焼いた。公卿《くぎょう》の家一六が焼け、死者は男女合わせて数十人、馬牛は無数に死んだとある。焼跡を歩き現場調査をした記録である。

辻風も起きて不安の中、反平家の動きに対抗して清盛が福原遷都をする。思いつきで行なわれたことであり、「世の人、安からず、憂へあへる、実《まこと》にことわりにもすぎたり」である。実感のわく言葉である。新京の建設は難航し、結局再遷都となった。巨大な浪費と空しい結果だ。「いにしへの賢き御世《みよ》には、あはれみをもつて、国を治め給ふ」。煙の立つのがとぼしいと租税もゆるしたのに、今の世はなんだと長明は嘆く。天候異常で飢饉も来る。元号を「養和」、「寿永」と改めるがそんなことで救われるはずもない。いたいけな幼子が亡くなった母の乳房を吸っている様が描かれる。長明は、京都下鴨神社の神官の子として生まれたエリートだが、庶民、女性、子どもなど、人々の生活を自分の眼で確かめ、弱い者の視点で社会を見ている。

更に地震だ。「おびたたしく大地震《おほなゐ》振ること侍《はべ》りき。そのさま、世の常ならず。山はくづれて、河をうづみ、海はかたぶきて、陸地《ろくぢ》をひたせり。」「おそれの中におそるべかりけるは、ただ地震《なゐ》なりけりとこそ覚え侍りしか。」震源地は京都の北東、マグニチュード七・四と推定されている。最後に、「人みなあぢきなき事をのべて、いささか、心の濁《にご》りもうすらぐと見えしかど、月日重なり、年経にし後《のち》は、言葉にかけて言ひいづる人だになし。」とある。風化である。すべて今と重なり恐《こわ》い。

長明は都の生活を捨て、里に方丈、つまり一丈四方の庵《いおり》を建てて暮らす。縁者の妨害で下鴨神社の神官になれなかったという個人的問題もあったようだが、都の大きな家で暮らすことの儚《はかな》さを感じたのだ。この庵は組立て式、移動可能で事実最初の大原は寒過ぎたのか、伏見に移っている。庵内は寝床、法華経、普賢と阿弥陀絵像、琴、琵琶があるのみだ。のみと書いたがこれで充分なのだ。外をよく歩き楽しんでいる。

無常という言葉の受け止め方は難しいが、自然は常ならずは事実である。長明は、それを受け入れ自律的に生きている。科学技術時代に生きる私たちも、天災・人災の重なった被害から立ち直るには、自然と向き合い、その中にいることを確かめながら、なお自律的に生きるしかない。一人一人が自らを生き、支え合い、地域に根ざし、自然を活《い》かした社会をつくることだ。これができなければ私たちは何も学ばなかったことになる。

櫛島次郎

# 精神を切る手術

## 脳に分け入る科学の歴史

岩波書店　2012 年

ロボトミーと聞くと、ある年齢以上の方はギクッとなさるのではないだろうか。てんかんや統合失調症など精神疾患の医療として行なわれた前頭前野の白質切截《せっせつ》手術である。

一九三五年にポルトガルで始まり、六〇年代まで欧米を中心に行なわれた。薬物や心理療法では治癒しない患者への最後の選択肢として、米国では、年間五〇〇〇件ほど行なわれていた。しかし、機能の解明不十分の中での施術であり、効果、安全性共に評価が困難なうえ、七〇年代、暴徒や受刑者への施術などから非難が生まれ、ほとんど行なわれなくなった。

日本でロボトミーが社会に知られたのは学生運動を通してであった。かつて東大病院を占拠していた学生を率いる委員長が、七一年に以前精神科教授が実施したロボトミーを人体実験として告発した。それは、「白い巨塔」と言われる大学講座制への批判でもあった。七六年、手塚治虫が「ブラック・ジャック」で脳性麻痺《まひ》の子どもへのロボトミーを扱い、抗議が起きた。七九年に、一五年前に手術を受けた患者による主治医の家族殺害事件が起きた。こうしてロボトミーは、医療としての評価のないまま、タブー視されることになったのである。最初に書いた文はこの事情を踏まえている。タブー視は学会内でも起きた。日本精神神経学会が七五年、「精神外科を否定する決議」を採択したのである。医学面の検証は不十分だったとその後当事者が認めている。

ところで、近年米国でロボトミーは特殊事例ではないという指摘が出てきた。「劇的な治療法の報告は、いまもなお無批判に受け入れられている。大衆メディアは革新的な治療をよりいっそう熱情的に宣伝している。」「専門医の内部や異なる専門同士の対立は続いている。そして野心的な医師はなお〝名声と名誉〟を熱心に求めている。」これは医学・医療に止《とど》まらず、科学・技術一般に通じる課題と言える。

これを踏まえて著者は、近年進展している脳科学の脳への介入に正面から向き合わねばならぬと考えた。そして、精神外科の医学的根拠を追ったのである。米国での精神外科の実像検証研究を日本と比較する「脳への介入の『根拠』と『成果』」という章は、これまであまり知られていなかったこの分野を簡潔、適確にまとめてあり読ませる。

興味深い例を一つあげよう。長年発作に苦しみ薬物も効果なしというてんかん患者の側頭葉を一部切除したところ、症状は改善されたが、短期記憶完全喪失となった。この患者は生涯研究に協力的であり、死後は脳を研究用に供した。この一例研究が、海馬《かいば》の機能、つまり宣言的記憶（事実と出来事を記録し保存する能力）を明らかにし、非宣言的記憶（運動技能や条件づけなどの学習能力）は別の部位が関わることを解明する研究方向を示したのである。「脳と精神の臨床と科学研究の間には倫理的にはっきり黒白がつけられない、複雑な歴史がある」と著者は言う。確かに難しい問題だ。

終章「脳科学に何を求めるべきか」では、現在非侵襲《ひしんしゅう》的として盛んに行なわれている画像研究に二つの疑問を呈する。一つは本当に非侵襲的かということ、第二はこれで本当に脳の機能が解明できるかということだ。しかもこの段階で、その成果の教育への応用も行なわれている。研究は社会からの要請に応えよとするのが現在の流れだが、実利のみを求める社会に科学を規制する資格があるのかという著者の指摘は私の考えと一〇〇％合致する。精神を切るには熟慮がいる。

梯 久美子

# 百年の手紙

## 日本人が遺したことば

岩波新書　2013 年

東日本大震災から七年がたとうとしているのに、暮らしやすい社会へ向けての道を歩んでいるとは到底思えない。その中で、これからの生き方を考えると、どう生きるのがよいかという前向きの問いとどう生きられるのだろうかという不安とが混じり合う。

このような時は、「百年の来し方を振り返り、歴史の節目を生きた日本人の肉声に耳を傾けることは、それなりに有益」と考えた著者が、二〇世紀の一〇〇年間に書かれた手紙一〇〇通ほどを紹介しているのが本書である。手紙は、家族や友人、恋人など身近な人に宛てた個人的なものだが、それゆえにその時代のありようを明確に、正直に見せてくれることがわかり面白い。

一九〇一年一二月一〇日に書かれた田中正造の明治天皇への直訴状から始まる。天皇に渡すことはできなかったが、内容は「鉱毒に苦しむ渡良瀬川下流域の農民の実情を訴え、銅山の操業停止を求めるもの」だった。その中から著者がとりあげた文は「田園荒廃シ数十万ノ人民ノ中《う》チ産ヲ失ヒルアリ」だ。これで、一時世論が盛り上がったが、まもなく熱は冷め、銅山の操業停止はなかった。まさに今の福島だ。驚くのは、大逆事件で死刑となった唯一の女性管野《かんの》すがが、獄中から幸徳秋水のための弁護士の世話を依頼する手紙である。一見ただの半紙を光にかざすと、無数の小さな穴があり文字が見える。二〇〇六年にしみ一つない状態で発見されたとのこと、歴史がひそんでいる。

　この二通を含む「1　時代の証言者たち」には、一九五四年ビキニ環礁で被曝《ひばく》した第五福竜丸の無線長久保山愛吉の「おとうちゃんも、だんだん元気がでてきました」「あめふりに　かわへ　おちないよう」という子どもたちへの手紙がある。帰宅することなく亡くなった久保山は、妻子に手紙を書き続けたという。

「2　戦争と日本人」も多くを語る。「ハヅメテ、タマノナカヲ、クグリマシタ。タマハ一ツモアタリマセンデシタ（中略）オカサンノオイノリト、フカク、カンシャイタシテオリマス」と書いた農民兵士の母は「ヘイタイサイカネデスムモノナラ、ゼニッコナンボ出ステモヨ」と語っている。また妻が夫へ、「敵弾があたりませぬように」だけでは勝手すぎるので「一日も早く平和のきますよう」祈っていると書く。この手紙は届かぬまま夫は戦死した。戦争で多くの命を失なった二〇世紀、手紙ほどその中での一人一人の思いを伝えてくれるものはないという思いを強くした。

そして「3　愛する者へ」。これこそ手紙の真骨頂発揮の場である。恋人、妻や夫、子ども、友人へと送られたどの手紙も心に響く。冒険家植村直己は婚約者に「一生を棒にふってしまったとあきらめて下さい」と書く。そして孤独を打ち明け、あなたにだけはよくやったと言ってもらいたいと求めるのである。本音の本音である。

最後は「4　死者からのメッセージ」。夭折《ようせつ》した人の言葉が悲しい。童話作家新美南吉は巽聖歌《たつみせいか》に草稿を送る失礼を詫《わ》び「もう浄書をする体力がありません」と書く。二九歳である。病いの他、遭難、戦争などでその後の人生を絶たれる人、自ら命を絶った人とさまざまだが、死のもつ意味は一人一人違いながらまた同じでもあると気づいた。

手紙は、最も心を許している人へ宛てて思いを語るものであるだけに時代を語るのだ。とにかく本音で考えよう。本音で語り合おう。最初にあげた問いへのとりあえずの答が探せた。

新宮 晋

# ぼくの頭の中

ブレーンセンター　2013年

「くるくる自転しながら秒速三〇キロの猛スピードで太陽の回りを飛び続ける小さな星、それが地球だ。この星には、空気がある。水がある。そして太陽からは、途切れることなく暖かい光が届けられる。それらの全ての要素は、大気の中で攪拌され、循環しながら、地球独特の穏やかな自然環境を生み出している。そのお陰で地球は、多種多様な生命が溢れる、宇宙の中でも飛びっきりユニークな星になった。

ぼくは、こんな星に生まれた。人間として。これは奇跡以外の何ものでもない。

ぼくは、この幸運を楽しみながら、風や水、引力といった自然エネルギーに魅せられて、作品を作り続けている。ぼくの作品は、それぞれ固有の風景や環境、素晴らしい人たちとの出会い、新しい原理の発見といった様々な要因が奇跡的に重なった結果、生まれてくる。一つ一つが掛け替えのない物語のように。

ふと思う。もし地球を訪問した異星人が、お土産に何が良いかと考えた時、ぼくの作品を選んでくれるのではないだろうかと。こんなに地球らしいものは、他にはないという理由で。」

「はじめに」の全文である。長い引用をお許しいただきたい。本書紹介の言葉としてこれ以上適切なものは考えられなかったのである。風や水のエネルギーで美しい動きを見せる著者の作品を御存知の方ならその通りと言って下さるだろう。開西国際空港を設計したイタリアの建築家レンゾ・ピアノは、国際線出発ロビーに美しい空気の流れを作り、それを見えるようにして欲しいと著者に依頼した。カーボン・パイプのフレームをアルミダイキャストでつないだ青と黄色の魚たちが、意志をもつかのように自由に泳いでいる作品の名は「はてしない空」だ。

一九七〇年の大阪万博の「進歩の湖」に、大型ししおどしのような装置を作り、湖面に広がる波と音とをシンクロさせた作品、「フローティング・サウンド」もなつかしい。「風と遊ぶ子供たち」「イルカのカップル」「風の音階」「月に魅せられて」などの各章で語られる著者の作品は、自然を生かしながらとてつもなく創造的で独自の物語をもっている。それは、日本だけでなくパリ、ジュネーブ、ニューヨークなど世界中の人を楽しませている。

その頭の中を見せようというこの本、手書きの日本語・英語の文と作品の設計図・デッサン・写真が並ぶユニークな作りである。読み、眺めていると、製作中の頭の中が垣間見える。わかったなどと偉そうなことは言えないけれど。

どっしりした存在感がありながら、体では感じないほどの微妙な風を受け止めてまわる風車は生きものに見える。それを生かして発電をし、自然エネルギーで自活する村、「ブリージング・アース」の提案は魅力的だ。手始めに兵庫県三田市で「田んぼのアトリエ」を始め、そこに立てた「元気のぼり」は、東日本大震災の被災地の人を元気づけた。トルコの方が、イスタンブールの沖に浮かぶスプーン島で「ブリージング・アース」具体化の道をつけてくれたとのこと。著者は、東洋と西洋を結ぶシンボルにしたいと語っている。

私の好きな作品の一つに三田市の公園にある「水の木」がある。空中でまわるパイプからカーブを描いて落ちる水。「落下する水を追いかけて、子供たちは走り回り、びしょびしょになる。」芸術か実用かなどという問題を越えて、自然に溶けこんだ美しさを生み出す「ぼくの頭」は今何を考えているのだろう。覗《のぞ》いてみたい。

「君の椅子」プロジェクト[編]

# 3・11に生まれた君へ

北海道新聞社　2014年

「日本が息をのみ、言葉を失った『あの日』。筆舌に尽くし難い、壮絶な状況にあった東北の空の下で、産声を上げていた新しい生命《いのち》があります。」

本書の始まりの文です。二〇一一年三月一一日にはたくさんの生命が失なわれ、その後避難で体調が悪化して亡くなった方も少なくありません。それを忘れまいと思い続けてきましたが、その日に生まれてきた生命を思うことの大切さには気づきませんでした。

あの日、被災地三県（岩手・宮城・福島）の一二八市町村で、一〇四の新しい生命が誕生しました。調べたのは、「君の椅子」プロジェクトの方たちです。二〇〇六年以降、旭川大学大学院の磯田憲一教授の提案で北海道の四つの自治体では、誕生した子どもたちに独自のデザインで名前入りの椅子を贈っています。「生まれてくれてありがとう。君の居場所はここにあるからね」というメッセージを込めての贈り物です。

被災地で生まれた子どもたちにもこのメッセージを送ろうと〝希望の「君の椅子」〟と名づけたプロジェクトが始まり、名前のわかった九八人に椅子が贈られました。「これまでおめでとうと言われたことのない子だった。でも今日初めておめでとうと言ってもらえたような気がする」「震災の子なんでしょ、と言われることが多かったけれど、希望の子なんだよと言ってくれて、とても楽になり救われた」。お母さんや家族の言葉です。

その日の記憶の記録をとの願いにこたえて三一家族から送られた手紙が本書です。生の言葉が、あの日を忘れない日とするための標《しるべ》としての意味を強く感じさせます。仙台市で午後四時四分に出産した大町さん。懐中電灯が照らす中で誕生した赤ちゃんは、血だらけのまま毛布とアルミシートに包まれて記念写真を撮りました。おむつやミルク探しに駆け回る家族、福島第一原発事故や友人が津波で亡くなったことも知ります。でも、健やかに成長している坊やは、「よく笑い、私や周囲を幸せな気分にさせてくれる」のです。

福島県の菅野さんは、出産途中での大きな揺れ。倒れてくる機材から夫に守られ、急きょ吸引分娩《ぶんべん》に切り替えた院長の処置で午後三時七分無事出産しました。出生届を受けた職員が、「あの日、あの時間に新しい生命が誕生していたのですね」と涙を流しながら「おめでとう」を言い、聞くことも言うこともないと思っていた言葉だと付け加えたそうです。

「君が生まれてわずか数時間で、世界はまるで変わってしまいました。多くの方が亡くなりました。その中には、君と変わらぬ歳《とし》の子もいたでしょう。ママと同じお母さんもいたでしょう……大自然の猛威が全てを奪うことを知った後、小さな命をこの手にできることの幸せと重みをママは一層強く感じました。生きていてくれてありがとう……」。お母さんたちの共通の気持でしょう。私たちの気持でもあります。

磯田教授は、「新しい生命の誕生という奇跡のような喜びを、共に分かち合える地域社会をもう一度自分たちの足元に取り戻したい」との願いから「君の椅子」プロジェクトを始めたのです。そして、「君が産声を上げたあの日、君と同じように母なる宇宙から生まれ出ようとして叶《かな》わなかった生命があること」を想像できる人になってほしいと語りかけます。

あれから七年。皆、元気に走りまわり、話し合っていることでしょう。この子たちが生きる未来が明るいものであるようにと願います。

湯川秀樹

# 宇宙と人間 七つのなぞ

河出文庫　2014年

一九七四年、「ちくま少年図書館」の一冊として書かれた本の文庫化である。日本人初のノーベル賞受賞者である著者は、少年向きの本の執筆を依頼され、「自分の中学生、高校生のころをふりかえってみると、結構むつかしい本を読んでいた。半分しかわからなくても――あるいはわからなかったからこそ、かえって――おもしろいということもあった」ことを思い出し、「むつかしいとか、やさしいとかに余りこだわらずに、七つのなぞ式の本を書いてもよいのではないか」と考えたのである。

なぞとは、「人間の抱く多種多様な疑問の中でも、解答をだすことが特に困難で、しかも相当多くの人に共通する疑問」であり、著者は、宇宙・素粒子・生命・ことば・数と図形・知覚・感情の七つを選ぶ。どれも魅力的だ。しかも、湯川先生、「宇宙・素粒子」はもちろん、すべての「なぞ」について御自身の言葉で語られるのである。フィンランドの英雄叙事詩『カレワラ』にある宇宙創造の話から天文学を語り、運動や物質から素粒子へと移る。そして再び宇宙へ。教えましょうという匂いがなく、まさに「なぞ」に向き合い考えている中に連れ込まれる気分が心地よい。最近のこの分野の進歩は急速であり、最先端の知識はない。多くの知識を得たい人は不満だろう。しかし「なぞ」に向き合うことの楽しさを知らずに知識をふやしてもしかたなかろう。

「生命」は、DNA研究が始まった頃であり、物理学者として興味津々だ。ダーウィンやメンデルを語った後、生命現象も分子レベルでは物理的に理解できるようになったけれど、「われわれがなにかを感じている、あるいは認識をするというそのこと自体は、単なる物質現象とは質的にちがう」のでこれから考えたいとある。

次の「ことば」が面白い。一九六九年生まれのお孫さんを観察し、先生の帽子を見て「おじいちゃん」と言っていたのが、「おじいちゃんの」と言うようになり、「○○と」や「○○も」もわかっていく過程を追う。関係を表わす抽象的概念が半年ほどでわかるのは「なぞ」だ。表現・認識における言葉のもつ意味、さまざまな国のことば、ことばと文字……興味深いテーマをすべて体験をもとに語られることばが魅力的で、思わず考えている自分に気づく。

次が「数と図形」。学校で数学嫌いになった方に読んでほしい。自然数から虚数まで教室でこういう話が聞きたかったと思われるに違いない。一九世紀以降、数学がフィクションになっていくが、実は、実在を合理的に理解しようとする物理がこれに接近し宇宙・素粒子の世界につながるのである。これぞ研究の醍醐味《だいごみ》である。

最後の「知覚・感情」は、まさに体験からの話で楽しい。思想はことばを媒介としなければ形にならないものであることは確かだ。しかし孫は鏡に映るおじいちゃんと本物とを見ても驚かない。自分と自分以外の世界が存在すると考える実在論の原型は、ことばを持たない幼児にもあると思わざるを得ないとある。

読書を重ねたうえでの思考に違いないが、すべて咀嚼《そしゃく》された内からの言葉で語られている。この本を取り上げたのは、最近学問とはなにか、学者とはなにかと考え込まざるを得ない事柄が続いているからである。これぞ学問に向き合う人であり、そこから社会、とくに若い人に向けて発せられる言葉は平易でありながら深みがある。人間らしくあること、知的であることの心地よさを思い出し、それを取り戻したいと思う。

小林 察

# 骨のうたう

## "芸術の子"竹内浩三

藤原書店　2015 年

いつもは、ふと手にした本、題名に惹《ひ》かれて取り寄せた本などいろいろなきっかけで読んだ中の一冊に見出した、思いがけない発見や視点を共有したいという思いを書いているのだが、今回は、ふと、や、思いがけない、ではない。長い間思いを込めて大事にしてきた本をどうしても読んで欲しいという願いがこもっている。二〇〇一年、『竹内浩三全作品集日本が見えない』（藤原書店）で「骨のうたう」などの詩を読んだ時は本当に驚き、仲間に触れ回った。一九五六年に私家版で刊行され、知る人ぞ知る、だった詩である。太平洋戦争末期の一九四四年一二月に斬り込み隊員としてフィリピンに送られ、四五年四月二三歳で戦死したこの詩人を通して、とくに若い人たちに戦争とは何かを考え、向き合ってほしいという気持が、先回の時以上に強くなっている。年寄り臭い話だが、わかっていただきたい。

「戦死やあわれ／兵隊の死ぬるや　あわれ／遠い他国で　ひょんと死ぬるや／だまって

だれもいないところで／ひょんと死ぬるや」と始まる詩「骨のうたう」は、「白い箱にて　故国をながめる／音もなく　なんにもなく／帰っては　きましたけれど／故国の人のよそよそしさや／自分の事務や女のみだしなみが大切で／骨は骨　骨を愛する人もなし」と続く。しかも「がらがらどんどんと事務と常識が流れ／故国は発展にいそがしかった／女は　化粧にいそがしかった」とも。「事務と常識が流れ」という切り口が鋭い。

「日本が見えない」という詩もある。「この空気／この音／オレは日本に帰ってきた／帰ってきた／オレの日本に帰ってきた／でも／オレには日本が見えない」と始まる。竹内は戦後を知らない。それなのにみごとに私たちが暮らす今を見通している。なぜこのようなことができたのか。真剣に生きる人だったからなのではないかと思う。二冊の小さな手《て》帖《ちょう》に毎日書かれた日記がそれを伝えてくれる。子どもの頃からマンガが得意で、軍隊に入ってからも小隊長に「兵器の操作こそ不器用であるが、陽気で愛すべき兵卒であった」と言わせている。演芸会の常連でもあった。その竹内がフィリピンへ行く前に、「ぼくのねがいは／戦争へ行くこと／ぼくのねがいは／戦争をかくこと／戦争をえがくこと／ぼくが見て、ぼくの手で／戦争をかきたい（後略）」という詩を書いている。ここでいう戦争は、「大君のため、国のため」のものではなく、戦争そのものである。一九四二年、乙種合格がきまった時に、「××は、×の豪華版である。××しなくても、××はできる」という伏字だらけの文を同人誌に書いている。×が戦争、悪、戦争、建設の七文字であることは本の余白に書かれていた（こんなことまで伏字だったのだ）。悪の豪華版である戦争を実感し、それを自分のことばで書きたいというのである。切ないと同時にある種の強さを感じる。時流に棹《さお》さすことはしないが、単に反戦を唱えるのでなく、人間の悪としての戦争をかき切ってみたいという表現者なのである。時代が変わろうとしている今、若い人たちに、戦争をかきたいとまで記した同世代の気持を考えてみてほしいと強く思う。

竹内は人間が大好き、日常生活をとても大事にしている。未来の家庭を思い描いてもいる。著者は、「遺稿のすべてに脈々と流れているのは、『人間への愛情』と『言葉への信頼』の二つである。そして、それはいかなる極限状況下に置かれても変わることがない」と書いている。「遠い他国で　ひょんと死ぬるや」。「ひょんと」という思いがけない言葉の中にその愛情と信頼がみごとに表現されている。二三歳でひょんと消えてしまった若い仲間の言葉に静かに、そして真剣に耳を傾けてほしい。

高村 薫

## 空海

新潮社　2015 年

空海という人、なんだかとても気になる。しかも大天才と思う一方で親しみを覚えている自分がいるのである。ところが、改めて考えてみると、高野山を拓《ひら》いたとか、中国へ渡って密教を日本に持ちこんだとか、嵯峨天皇、橘逸勢《たちばなのはやなり》とともに三筆と言われる書の名人だとか、断片的な知識は浮かんでくるが、実像は見えない。日本中に訪れた跡があるという弘法大師伝説まで思い出すと、ますますわからなくなる。

実は、これまでにも空海について書かれた本は手にとってきた。しかし、宗教・思想の面からの解説には、天才空海は見えても、なぜか親しみを感じる空海とは結びつかないところがあった。ところが本書がそれを解決してくれた……ような気がしている。これまで読んだものがすべて男性の著作であったのに対し、女性が書いたからか。著者には叱られるかもしれないが、そんな気もする。著者は阪神・淡路大震災の体験と東日本大震災への思いをもとに高野山や四国を訪れ、空海の体験を自身に重ね合わせる。また、東北地方に残る大師信仰の姿も追う。「二十一世紀を生きる一日本人にとっての、二十一世紀の等身大の空海像を捉えたいと切に思う」と考えての旅は、写真の助けもあって臨場感に富む。

まずは、高知県・室戸岬の御厨人窟《みくろど》である。「谷響《ひびき》を惜しまず、明星来影す」。自身の肉体を追いつめ、真言を唱え続けたところ、明星が体の中に飛びこんできたという有名なエピソードだ。若くして、世界と自身との区別が消える体験をした空海の出発となる地を訪れた著者は、今もそこは荒波が岩に砕ける轟音《ごうおん》ばかりであったという。その体験が空海を仏教に向かわせたのだが、その時「既知の仏教の言葉では捉えきれない地平を垣間見ていた可能性」があり、空海の魅力は、彼がそのカリスマ性に留《とど》まらず、それを言葉で分節し、体系化する試みを捨てなかったところにあると著者は指摘する。その結果、『大日経』に説かれている「地・水・火・風・空」の五大に「識」を足して六大にするという独創性を発揮したのだと。仏教の難しいところはわからない。しかし、「身体体験に裏打ちされた言語宇宙」こそ、二一世紀の今、私たちが求めているものであることは確かである。著者が地震体験から出発しているように、それは自然と人間との関わりであり、空海がそれを示してくれるからこそ、惹《ひ》かれるのだろうと思うのである。

ただ、あまりの天才ゆえにその身体と言語のありようは同時代人に受け継がれず、空海は消え神話化されて弘法大師伝説になってしまったのだ。

ここで著者は「空海は二人いた」という。空海はその死と共に消え去り、一方で弘法大師としての空海は今も生き続けているのである。中国の名僧恵果《けいか》が「相待つこと久し」と言って千人以上の弟子の中から真の弟子として選んだと言われる空海。同じ密教でも最澄亡きあと比叡山では弟子たちによって天台教学の深化が続いたのに比べて、優れすぎていた空海は長い間消えてしまった。その代りに現れた弘法大師は神格化され、大日経に登場する不動明王がお不動さんとして現世利益につながり、四国遍路が盛んなのである。ここでは空海は空気になっていると著者は言う。なるほどと思う。

著者もまだつかみきれていないという空海。わかった気がしてはいけないのだろうが、もっと知ることができるのではないかという思いはぐんと増した。最後の言葉「私は誰よりも生きた空海その人に会ってみたい」という気持を共有する。

津田一郎

# 心はすべて数学である

文藝春秋　2015年

数学って何なのだろう。長い間疑問に思ってきた。物理学、化学、生物学などの自然科学は自然を対象にし、そこにあるさまざまな謎を解き明かす。ラジウムという新しい元素が発見されたり、生きものは皆細胞でできておりその中のDNAが生命現象を支えているとわかったりすることで、新しい世界が拓《ひら》ける。相対性理論を正確に理解できているかどうかは別として、$e=mc^2$という単純な式で宇宙の基本が描き出せることに感激する。人文・社会科学も研究対象は明確である。社会学、経済学、美学などなど。

その中でどうしてもわからないのが数学だ。小学校で習う算数は、一〇〇円のリンゴを三個買ったらいくら払えばよいかを教えてくれるし、代数や幾何学も役に立つ。しかし、純粋数学と呼ばれる学問は、「何ら現象を意識することがなく、数学的な対象に対する記述」をするものだと言われると、この数学的対象なるものが見えない凡人には、数学者が何を考えているのかがさっぱりわからないのである。

ところで本書を開くと、数学者である著者の「数学は心である」という言葉が眼に入る。タイトルは「心はすべて数学である」となっているが、著者が語っているのは「数学は心である」ということである。編集者のインタビューをもとに作られているので、恐らく「数学は心」という話を聞き続けたインタビュワーが「心は数学だ」と思ったのだろう。もしかしたら難しいと思っている数学と共に心までわかるようになるのかもしれない。わくわくしながら読み始めた。

ここで、著者がなぜ「数学は心」と思うようになったかを追って行こう。私たちが外界を捉える感覚、それを基に行なう思考や推論は個人によって異なる具体だが、感性は抽象的で普遍的であるというところから始まる。そして、数学はこの「感性という抽象性によって成り立っている」というのである。ここで、数学者岡潔が「数学は情緒である」と言い続けたのはこのことだったのだと気づく（著者もそれを指摘している）。つまり、私たちが日常空間でああでもないこうでもないと働かせている心の動きから、抽象化し普遍性を探り出しているのが数学なのだから、数学の証明・定理などを見れば人の心の動き方がわかるのではないかというわけである。

ここで、心と脳の関係へと話は進む。科学は心を、脳の活動状態として説明しようとしているが、著者は逆に「心が脳を表現する」と考える。私たちは、生まれた後周囲の人たちからの働きかけ（著者は〝集合的な心〟と呼ぶ）によって脳が育ち、自分の身体感覚と他者の心が一致することで自己ができる。つまり脳は集合的な心を個々の心に落とし込む装置なのである。コーヒーを飲もうとしてカップに手を伸ばす時、「カップを取りたい」という気持に対応するニューロンの活動が腕を動かすということからも心が脳を表現していると言える。実はこのような実験データは積み重なってきているのだが、そこから心の働きについてのストーリーをつくらなければ、脳の働きも心もわかったことにはならず、そこに数学の役割があるというのが著者の考えである。

そして、脳は複雑系なので、その理解には分析でなく、でき上がっていく過程を追うしかないと指摘する。生きもの研究の中にいる私としては、その通りと共感する。著者は、数学モデルを作ることでこの過程を追うという新しい取り組みに挑み、外の情報をシステム内に最もよく伝える部品を探したところニューロンと同じ性質になることを数式で示した。このような成果を積み重ねれば、脳が見え心が見えてくるかもしれない……数式はよくわからないながらそんな気がしてきた。

著者のもう一つの切り口がカオスである。環境は完全に予測可能でもないし、完全にランダムでもない（カオス）から脳は記憶装置を作ったのだという指摘には納得した。ただ、脳があるカオス状態の時に入ってきた情報は、消える運命にあるので、記憶が成立するにはカオスを遍歴する必要があるとのこと。何気ない日常の中で自分の脳がそんな遍歴をしていると思うと楽しくなる。「『カオス遍歴』は新しい知覚や認知といった心の働きの一側面を〝計算できる〟ことがわかってきた」という著者の仕事に期待しよう。面倒な数式は相変わらず理解できないのだが、数学が少し身近になったことは確かだ。

次に取りあげられるのが時間である。現代社会では時間といえば時計で測る空間化された時間だが、生きものには内に「折りたたまれた時間」がある。生きるとはこの時間を解きほぐすことだと私は考えている。そこで、脳の記憶について時間構造を空間構造に埋め込む数学モデルを作ったところカントル集合（無限を捉えたもの）で説明できたという話にも惹《ひ》かれる。

難しい話が次々現れるが、今や科学は大量データの蓄積でなく、そこからの概念抽出が重要になっていると日ごろ強く感じているので、ここに新しい知への一つの突破口があるのではないかと期待するのである。

斉藤道雄

# 手話を生きる

## 少数言語が多数派日本語と出会うところで

みすず書房　2016年

二〇一六年三月三日、手話を日本語と同等の独自の言葉と認める「手話言語法」の制定を求める意見書が、国内一七四一の地方議会のすべてで採択されたと報道された。誰もが暮らしやすい社会づくりへの一歩前進である。そんな時たまたま本書を読み、手話には、言語や障害という人間を知るうえで重要な課題を具体的に考えるテーマが含まれていることを知った。

私たちは、耳が聞こえず「日本語」を音として理解できない人に、手などの動作を通して伝える手段を手話だと思っている。確かにそのような「日本語対応手話」はある。しかし著者は、手話という自然言語の存在を教えてくれる。「ろう」と「聴」という二つの世界、それぞれに自然言語があり、「ろう」の世界では手話ですべてを完璧に表現できるというのだ。地域によって、そこで生まれる手話は異なる。独自の自然言語であるのに、日本には日本手話、アメリカにはアメリカ手話が生まれるのはなぜか。ここに言語誕生の鍵が隠れていそうな気もする。

ろう児の教育には、自然言語である日本手話を教えれば、充分な言語世界ができる。そして、聴者とのコミュニケーションのために、ろう者が日本語の読み書きを獲得し、バイリンガルになればよいというわけである。

手話を自然言語であると最初に言ったのはアメリカの言語学者W・ストーキーで、一九六〇年のことだった。以来半世紀、アメリカでは、バイリンガル教育への道づくりが進められてきたという。一九九一年、日本にも日本手話という自然言語があることが見出された。対応手話は単語が独立しているが、日本手話には文法があり、ろう者にすんなり理解されるとのことである。

手話が自然言語であると気づく前は、どの国でも読唇術を学び、無理をしてでも音声で伝える努力をし、その国の言語を学ぶことがろう児の教育であった。人工内耳を用いてなんとか音を拾えるようにしたり、対応手話を用いたりしてきた。しかし、それで獲得できる能力は不十分であり、深く考えたり、細かな感情の表現をしたりすることは難しい。そこで「ろう」は大きな障害になり、ろう者は障害者となる。自然言語としての手話を身につければ、それを用いて思考を深められ、ろうは障害でなくなるのにである。

著者は対応手話を否定してはいない。それを学ぶ人がふえ、聴者とのコミュニケーションができれば、ろう者の世界は広がり、暮らしやすくなることは事実だからだ。しかし、自然言語としての手話によって、聞こえないことが障害でなくなることに眼を向けてほしいと望んでいるのだ。ろう者がバイリンガルになることで、自分たちの豊かな言語世界をもちながら聴者と共に日常生活を送れるからである。

著者は、テレビ局でのドキュメンタリー制作の中でこの課題に出会い、日本手話に始まるバイリンガル教育の重要性に気づき、同じ考えのろう者と明晴学園という小さな学校の創設に関わった。この活動は、日本のろう社会の中での主流ではないのだろう。しかしこれは、手話に止《とど》まらず、言語とは何か更には人間とは何かを考えさせる問題提起である。

著者は、リービ英雄の言葉を引用する。「よそ者は、日本社会の多くの場で門前払いという苦い経験を味わうのだが、もしその人に少しでもコトバに対する感受性と冒険心があれば、日本語だけは門前払いを食わせない」。このように言葉は開かれているという考えから日本手話を大切にしたいという著者の思いに共感する。

杉本一樹

# 正倉院宝物

## 181点鑑賞ガイド

新潮社　2016年

「正倉院。古代では重要物品を納める正倉を中核とする施設。今は、唯一残った東大寺正倉がこう呼ばれる。校倉《あぜくら》造、北倉・中倉・南倉の三倉一棟形式の巨大な高床式倉庫として著名。勅封《ちょくふう》に代表される厳重な管理の下で、聖武《しょうむ》天皇ご遺愛品や東大寺什宝《じゅうほう》など国際色豊かな八世紀の文物を多数伝え、明治に政府の直接管理に遷《うつ》るや、納物は正倉院御物《ぎょぶつ》（現在は宝物）として整理・修理・調査が進められた。今は宮内庁正倉院事務所が管理する――」

著者は、この事務所の所長として一二五〇年もの間伝えられてきた九〇〇〇点にも及ぶ宝物の身近に暮らす羨ましい方である。しかも、二〇〇三年四月のホームページ公開に向けた正倉院宝物管理システムの調整に当り、「データ上で宝物全員と対面した」のだそうだ。これまでにない体験だろう。

そこで、宝物すべてから一八一点を厳選し、カラー写真で紹介する本書が生まれた。単独での選択は無謀と感じながらも「今の私なら、選にもれた宝物からも『顔見知りだから仕方ないか』と大目に見てもらえるかも」と思ったという。そして、長い歳月のなかで夜《よ》咄《ばなし》をくり返し、「そういえばアイツ今ごろどうしてる」と言い合っている宝物たちの声を聞きながらの選択をしたと。

用途による分類が分かりやすい。書蹟《しょせき》、楽器、伎楽面《ぎがくめん》、遊戯具、調度、鏡、飲食具、文房具、装身具、仏具、儀式具、武器武具、香薬、染織とあらゆる生活がある。どれを見てもていねいに使われていた様子が浮かび、奈良時代へと思いが飛ぶ。

宝物の中の宝物として最初にあげられるのが「国家珍宝帳」である。献納品のすべてが簡潔且《か》つ正確に紹介されているだけでなく、光明皇后の大仏へ向けての願文《がんもん》が記されている。そこに「最善の管理によって、大仏とともに、永遠に」とある願いを私たちは忠実に守ってきたことになる。最近レガシーという言葉が使われるようになったが、それは物をていねいに扱い心をこめて暮らすという日常あってのことであり、これを失ないたくない。

まず紹介される宝物は教科書で見たことがある「螺鈿紫檀五絃琵琶《らでんしたんのごげんびわ》」。インド起源だが、「世界唯一の燦《きら》めきがはるかなる時を超えて」とあり、現存するのはこれだけという貴重な品である。その捍撥《かんばち》（撥受け）にラクダに乗った人物が楽器を演奏しているところに注目をとの指摘がある。この楽器は西アジア起源である。なんとも国際色豊かなのだ。今模造品作成に取り組んでいるとのことだが、かなりの難関であると著者の溜息が聞えるような気がする。素材、技法と小さな中に歴史がぎっしりと詰まっているのである。

どのページを開いても、物たちが美しい姿で現れ、作り手のそれにこめた気持が伝わってくる。座った時に、膝前に置く肘付き（挟軾《きょうしょく》）、脚部がとても華奢《きゃしゃ》で軽量化の工夫が見られるものがある。有間皇子《ありまのみこ》が非業の死を遂げることになった天皇への背信謀議の時に挟軾が折れたという故事から、決して折れてはいけないとされる脚部である。それを敢えて細くすることによって実用と美の両者に挑む職人魂が心を打つ。

最も多く紹介されているのが仏具であるのは当然だろう。「あらゆる手わざが大集結」と紹介されるさまざまな献物箱など、言葉での説明には限りがあり写真を見てくださいというしかないことをお許しいただきたい。

秋の正倉院展では毎年七〇点ほどが出品される。第一回が敗戦の次の年、昭和二一年におこなわれたこと、毎年二〇万人以上の人が訪れることなど、ここに日本人の一つの原点があることは確かだ。しかも大切にしたい原点だと、本書によって改めて感じた。

今野 勉

# 宮沢賢治の真実

## 修羅を生きた詩人

新潮社　2017年

　宮沢賢治の作品はなぜか何かあった時に読みたくなる。最近で言うなら東日本大震災の後、全集を開いた。けれども、宮沢賢治という人に入り込むのは避けてきた。隣にいたらちょっと困った人なのではないかと勝手に思ってきたのである。そこへドカンとつきつけられたほんとうの賢治像（「ほんとう」は賢治の大切にしている言葉だ）に、なんとなく避けるなどと言っていてはいけないと思い知らされた。

　著者は長い間賢治と向き合い、すでに四人の賢治と出会ってきた。「生命の伝道者」、「農業を信じ、農業を愛し、農業に希望を託した人」、「野宿の人」、「誰にも理解できない言葉を使う人であり、子供のお絵描きのように詩を作る人」だ。充分な宮沢賢治像である。ところが、初めて読んだ文語詩の中に、別人のような賢治を見出すのである。

〈猥れて嘲笑めるはた寒き、凶つのまみをはらはんと／かへさまた経るしろあとの、天は遷ろふ火の鱗〉

四行詩の前半だが、狸、嘲笑、凶とおかしな文字が並び、意味はもちろん読み方さえわからない。ここでドキュメンタリー作家の本領を発揮し、詩作の日の賢治の行動を追い、城を訪れたのは夕刻、その日の昼は農場におり、そこで想を得た口語詩「マサニエロ」があることを知る。この詩にはチエホフが登場する。チエホフの作品には兄と妹の物語があり、しかもテーマは妹の恋であることに気づいたところから謎解きが始まる。

妹とし子には、花巻高女時代の音楽教師との初恋と失恋という「事件」があり、東京へ出たのも周囲の非難から逃れるためだったのだ。これが死の時まで彼女を苦しめ、「自省録」を記すことになる。恋の苦しみから抜け出したと書く妹の文を読んだことが、賢治に「マサニエロ」、「猥れて嘲笑める」の詩を書かせたというのが著者の謎解きである。

伏線は、盛岡高等農林の寮に入ってきた保阪嘉内への賢治の恋である。理想主義者、文学青年、キリスト教にも仏教にも関心を寄せる柔軟な宗教観をもつ保阪に賢治は惹《ひ》かれる。信仰を共にしようという保阪への誘いの手紙には共に暮らそうという気持が見える。しかしそれは拒否され、そこから修羅としての賢治が生まれたと著者は言う。

保阪との別れの後、賢治は本格的詩作を始める。「春と修羅」、「マサニエロ」、「永訣の朝」などである。これらはいずれも「誰にも理解できない言葉を使う」賢治の詩であり、著者の解読がなされる。とくに印象深いのは、賢治が、とし子は死後人間の感覚を失なってからどんな感覚を持つ生き物になってどんな気持で生きていくのだろうと問い、妹が地獄へおちるのではないかとおびえているという指摘である。そして、とし子を思うならほんとうの幸福を探す旅に出なければならないと心を決め、それが銀河鉄道による旅になるというのである。執筆中の一月五日から六日に陸中海岸を夜通し歩いて見た光景が銀河鉄道の物語の原点と知った著者は、その日の夜空を徹底的に調べる。そして、自ら同じ時に同じ場所を歩き、土星の近くにケンタウルス座のあることを知るのである。タイタニック号の事故についても、当時の雑誌をすべて集めて賢治の思いを共有する。ここまで徹底したことで見えてくる「銀河鉄道の夜」の意味と賢治の姿には圧倒される。

生きる苦悩と喪失の悲しみを語り、しかしジョバンニにほんとうの幸せを探す切符を持たせる賢治に向き合うことで、いのちを軽視するこの社会から抜け出す道を探りたいと改めて思った。

イマヌエル・カント

# 永遠平和のために

池内紀訳　集英社　2015年

カントという名前を聞いたことのない人はないと言ってもよいだろう。同時にカントの著書をきちんと読んだ人は……ないとは言わないがそれほど多くはなかろうと思っている。実は私もその一人。科学の世界にいると、「理性」という言葉には敏感になるので、『純粋理性批判』を読もうとしたことはあるが挫折した。

そして出会ったのが本書である。今最も関心のあるのが戦争をしないことであり、カントという名前にめげずに読んでみようと決心して開いてみた。すると、なんと大好きな藤原新也さん他によるカラー写真とアフォリズム（警句）と言える短い文とが並ぶ魅力的なページが続き、ホッとすると同時に引き込まれた。訳者の池内紀先生が二〇〇年以上昔の文体や難しい哲学用語を排してわかりやすく本質を伝えて下さっているのだとわかり、訳者に感謝である。因みに池内先生これまでカントをお読みになったことはないのだそうだ。警句をすべて書き出したい誘惑にかられるが、それもならない。私の日常の思いとピタり重なるのは、「殺したり、殺されたりするための用に人をあてるのは、人間を単なる機械あるいは道具として他人（国家）の手にゆだねることであって、人格にもとづく人間性の権利と一致しない」という言葉だ。今や日常でも「人間を単なる機械あるいは道具」として見てはいないだろうか。若いいのちが過労死という形で失なわれるのを見ると、人間を人間として見ていないことへの憤りを感じる。そう言えば経済戦争とか企業戦士とかいう言葉もある。

「平和というのは、すべての敵意が終わった状態をさしている」、「戦争状態とは、武力によって正義を主張するという悲しむべき非常手段に過ぎない」と基本がまず語られる。途中に具体的な事柄が書かれ、最後は「地球は球体であって、どこまでもはてしなく広がっているわけではなく、かぎられた土地のなかで、人間はたがいに我慢し合わなくてはならない」、「永遠平和は空虚な理念ではなく、われわれに課せられた使命である」と終わる。グローバルという言葉はこういう時にこそ使って欲しいと思う。

一七九五年、カントが七一歳の時に書かれた最後の著書とある。一八世紀の後半のヨーロッパは戦争が続いており、子どもの頃からそれを体験してきたカントの思考の行き着くところに「平和」があったというのは印象深い。やむにやまれずのことであると同時に、頭脳の闇だけでなく地上の闇も啓《ひら》きたいと考えたのだろうと訳者は解説する。本文、補説、付録の中には時代の違いを思わせる部分もあるが、基本はそれを越えて通用する。

実は、本書と共に眼を向けていただきたい本がある。A・アインシュタインとS・フロイトの間で交わされた手紙「ひとはなぜ戦争をするのか」である。一九三二年、国際連盟がアインシュタインに次のように依頼した。「今の文明においてもっとも大事だと思われる事柄についていちばん意見を交換したい相手と書簡を交わしてください」。そこで生まれたのが本書である。アインシュタインは、多くの人が努力しても平和が訪れないのは人間の心にそれに抗う力があり、その第一が権力欲だと考えた。国家の指導者は自分の権限の制限に強く反対し、しかも金銭的利益追求のためにそれを後押しするグループがある。糸口に過ぎないがここを考えなければならないと。心の専門家フロイトがこの問いへの答を誠実に求める過程は読みごたえがあるが、結論だけ紹介する。「文化を発展させ、人間の心に変化を起こすこと」。この書簡の交換の翌年ナチス政権が生まれユダヤ人である二人が追いつめられたという事実をつけ加えておこう。

私たちは今戦争などしている暇はない。私の実感である。

帚木蓬生

# ネガティブ・ケイパビリティ

## 答えの出ない事態に耐える力

朝日新聞出版　2017年

ネガティブ・ケイパビリティ。初めて聞いた言葉でありネガティブがなんだか気になって手にとったところ、幸い第一ページ目に明快な説明があった。「どうにも答の出ない、どうにも対処しようのない事態に耐える能力」あるいは「性急に証明や理由を求めずに、不確実さや不思議さ、懐疑の中にいることができる能力」であると。ここで惹《ひ》きつけられた。最近、一人の力ではどうにもならない事が次々と起き、迷うことがふえたからである。東日本大震災では自然の大きな力が原子力発電所の事故につながり未だに先が見えない。そんな中でなお戦争への道を選ぼうとする人たちがいるのはなぜかという素朴な疑問とそれをどうすることもできない現実がある。ここで壊れてしまわずに自分なりの道を探す力がこれかもしれないと思ったのである。

この言葉を生み出したのは、イギリスの詩人J・キーツである。母親が酒飲みで胎児性アルコール症で生まれ、しかも両親は若くして亡くなるという不幸の中、医師の家での徒第奉公と病院での勉強によって医師の資格を得る。一方友人の応援で詩作を始め、詩集が刊行されるまでになるが、経済的には恵まれない。

困窮と詩作の苦しみの中で、シェイクスピアを手本として読むうちに「真の才能は個性を持たないで存在し、性急な到達を求めず、不確実さと懐疑と共に存在する」ことに気づく。シェイクスピアが時代や文化を越えて人を惹きつけるのは、この力があるからだと考えたのである。たとえば「リア王」では、長女・次女からの冷たい仕打ちに会ったリア王を助けようとした三女コーデリアまで殺され、王が悔恨と絶望の中で息絶えるという結末になる。心の奥をえぐられるようで、人間とは何かという基本を自分で考えるほかない。

ただキーツは、この言葉を弟への手紙にただ一度書いただけで世に知られることはなかった。それを一七〇年後精神分析医のW・R・ビオンが発見し、これこそ患者との間に生身の交流を生む必須の要素であると指摘したのである。そして「記憶も欲望も理解も捨ててこそこの状態に行き着ける」と説く。記憶や理解を基本とする学問にこだわると、患者との対話によって自分が豊かになることを忘れ、新しい境地に踏み出せないとビオンは戒めるのである。文学の場で考え出された言葉を精神医学で甦らせたわけだが、これは、あらゆる活動で必要な能力ではないだろうか。

作家であり精神科医である著者は、これを更に展開し、そもそも人間の脳はわかりたがるようにできているのだが、拙速な理解を求めず考え続けることで必ず発展的な深い理解ができると信じようと提案する。

現在の教育はポジティブ・ケイパビリティ一点張りである。日常最もよく用いられる言葉は「早く早く」であり、問題解決能力を持たせることだけを考えている。問題の解決は必要だが、世の中にはすぐには解決できないことの方が多いので、それだけでは本当の生きる力にならないのである。しかも、そこで悩む子どもが不登校という選択しかできなくなるという問題が生じている。医学教育も同じで、医療の現場で患者やその家族の悩みを共に抱えるという心につながる医療が消えていく原因になっている。

ネガティブ・ケイパビリティは、言葉の響きとは裏腹に創造力とつながっているのである。キーツがあげたシェイクスピアに匹敵する人物として著者が紫式部をあげ、ここで輝くのは光源氏ではなく女性たちであるとしているのが興味深い。最後に、この能力の究極は「寛容」であり、寛容が戦争を避ける唯一の道であるという指摘があり、今必要なのはまさにこの力だと思うのである。

# あとがき

本書も、先回『小さき生きものたちの国で』（青土社）をまとめてくれた若い編集者足立朋也さんの力でできたものです。『毎日新聞』の「今週の本棚」に書いた書評のうち最近（二〇一〇―一七年）のものの中から選んでくれました。今回も読む立場、若い感覚を大切にという選択におまかせしました。

新聞というメディアの持つ特質上、年齢・性別・職業などの別なく、幅広い方が関心をお持ちになりそうな本を選ぶように努めています。でも、どうしても「私の関心」が基本になりますので、ちょっと面倒なものもあるのはお許しいただきたいと思います。「まえがき」にも書きましたように「生命誌」という新しい知を求め、「人間は生きもの」であるというあたりまえのことを基本とする生き方を考えていきたいのですが、その底には科学があります。「科学」はどうしても面倒な話になり、そのために専門外の方には敬遠されがちです。でもその面倒があるからこそ本質がストンとわかるということも少なくありません。科学がそういうものとして受け入れられるようになって欲しいと思っています。書評という形でそのような可能性が広がらないだろうか。そんな思いを込めて書いています。

もう一つ、これも新聞でとりあげるために、できるだけ新刊の中から選ぶことになります。読書の醍醐味は古典にあるわけで、自身の読書としても、本へのお誘いとしても、古典が大事だと思っています。東日本大震災の後、どうしても読みたくなった「方丈記」は改めて読んでの新しい発見に本当に驚きました。本は、その時その時の思いで読むものであるとつくづく思いました。災害のことなどあまり深く考えずに読んでいましたから。

空海、宮沢賢治、湯川秀樹……時代も専門もまったく違い、何の脈絡もないように見えるかもしれませんが、私の中ではそれぞれ引き出したいことがたくさんある「生命誌」の先生として存在しています。新しく出版された本を入り口に、以前接した人や事柄について改めて考え、関連した本を読んでみるのも楽しいことです。大勢の方が読書を楽しんでいる姿を思い浮かべると平和で知的な社会が見えてきます。これからの社会がそうであって欲しいと願っています。

すてきな本を書いて下さった著者の方々、誠意ある編集をして下さった足立朋也さん、読んで下さった皆さまに感謝して筆を置きます。

二〇一七年秋

読書の秋は食欲の秋でもあると
友人から送られたぶどうと栗を楽しみながら

中村桂子

生命《せいめい》の灯《ともしび》となる49冊《さつ》の本《ほん》

2017年12月15日　第1刷印刷
2017年12月25日　第1刷発行

著　者　中村桂子《なかむらけいこ》

発行者　清水一人
発行所　青土社
〒101-0051　東京都千代田区神田神保町1-29　市瀬ビル
電話　03-3291-9831（編集部）　03-3294-7829（営業部）
振替　00190-7-192955

印　刷
製　本　ディグ

装　幀　水戸部 功


ISBN978-4-7917-7030-4